地下煤气化发电耦合CCS项目综合评估与投资决策

Comprehensive Assessment and Investment Decisions of Power Generation from Underground Coal Gasification with Carbon Capture and Storage

冯 烨◎著

中国经济出版社
CHINA ECONOMIC PUBLISHING HOUSE
·北 京·

图书在版编目（CIP）数据

地下煤气化发电耦合 CCS 项目综合评估与投资决策 / 冯烨著. --北京：中国经济出版社，2024.4

ISBN 978-7-5136-7765-3

Ⅰ.①地… Ⅱ.①冯… Ⅲ.①地下气化煤气-发电-项目评价 ②地下气化煤气-发电-投资决策 Ⅳ.①TM619

中国国家版本馆 CIP 数据核字（2024）第 093234 号

责任编辑 严 莉
责任印制 马小宾
封面设计 任燕飞设计室

出版发行 中国经济出版社
印 刷 者 北京鑫益晖印刷有限公司
经 销 者 各地新华书店
开　　本 710mm×1000mm 1/16
印　　张 9.25
字　　数 151 千字
版　　次 2024 年 4 月第 1 版
印　　次 2024 年 4 月第 1 次
定　　价 68.00 元
广告经营许可证 京西工商广字第 8179 号

中国经济出版社 **网址** http://epc.sinopec.com/epc/ **社址** 北京市东城区安定门外大街 58 号 **邮编** 100011
本版图书如存在印装质量问题，请与本社销售中心联系调换（联系电话：010-57512564）

前　言

中国富煤、贫油、少气的先天资源禀赋，使其形成了长期以煤为主的能源消费态势。然而，作为一种高碳能源，煤炭的大规模开采和发电引起的气候变暖、环境损害等问题日益凸显。为保障能源安全及应对气候变化，必须加大力度推进燃煤发电的节能减排。煤炭清洁发电技术是保障能源供给安全的现实之选，对于构建清洁低碳、安全高效的现代能源体系发挥了重要支撑作用。地下气化联合循环发电（Underground Gasification Combined Cycle，UGCC）是将煤炭就地进行有控制的燃烧，通过一系列物理和化学作用产生可燃气体，并将其用于发电的过程。这是一种集煤炭地下气化与联合循环发电技术于一体的新型煤炭清洁发电技术，既能充分利用难开采或开采不经济煤层资源，又能降低传统煤炭开采过程中的环境污染。此外，作为实现我国碳中和目标的重要技术组成，碳捕集与封存技术（Carbon Capture and Storage，CCS）是将二氧化碳从碳排放源分离出，并输送至特定地点进行封存，可有效降低燃煤电厂碳排放。因此，UGCC 与 CCS 技术集成对于保障国家能源安全、减缓气候变化以及改善环境污染具有重要战略意义。

目前 UGCC - CCS 虽已被证实技术可行，但尚未规模化应用。受能效、环境、经济以及投资可行性等多方面因素影响，该技术组合的商业化推广和应用还存在许多不确定性。为解决 UGCC - CCS 项目大规模商业化部署面临的一系列问题，本研究面向国家应对能源危机和气候变化重大战略需求，综合运用文献计量、生命周期评价、案例对比分析、情景分析、定性与定量相结合等科学方法，从生命周期角度出发，对 UGCC - CCS 项目进行了能源、环境和经济多维度的综合评价，并与 IGCC 电厂结果进行对比，识别了主要影响因素并提出改进建议。同时，基于实物期权理论，建立了不确定因素影响下的项目投资决策模型，为未来项目商业化应用投资提供科学参考依据。本书主要开展以下创新性工作：

（1）基于扩展㶲分析框架，建立了 UGCC 电厂㶲生命周期评估模型，对影响 UGCC 电厂持续性能以及热力学性能指标进行了综合评价。结果显示，UGCC 电厂资源利用率和环境可持续指数分别为 19.39% 和 18.29%，加装 CCS 后，电厂综合持续性能有所提升。与 IGCC 电厂相比，UGCC 电厂在资源利用率方面较有优势，但环境可持续性相对处于弱势。深入分析发现，地下气化单元是影响电厂㶲效率的主要单元。当氧煤比为 0.6、水煤比为 0.1 时，UGCC - CCS 电厂㶲效率从 34.27% 上升到 37.56%，可有效改善电厂综合持续性能。

（2）在电厂全流程投入产出清单基础上，建立了 UGCC 电厂的生命周期环境影响评估模型，分别对中点环境影响和末端环境影响进行了详细评价。可知 UGCC 电厂全球温升潜势和臭氧层破坏潜势较 IGCC 电厂分别高出 16.9% 和 74%，其余中点环境和末端环境影响均低于 IGCC 电厂。CCS 部署使 UGCC 电厂温升潜势和人类健康两类影响分别下降 71% 和 46%，但加剧了其他环境影响类别的恶化。

（3）构建了生命周期成本核算模型，不仅包含电厂燃料成本以及内部电力成本，还从政府和社会的角度出发考虑了环境影响可能引发的外部成本，并对影响成本的主要因素进行了敏感性分析。结果表明，UGCC 电厂生命周期成本为 61.80 $/MWh，其中外部成本占比 13.90%。与 IGCC 电厂相比，尽管外部成本略高，但生命周期总成本仍具竞争优势。若考虑就地利用合成气，UGCC 电厂生命周期成本可降低 20%。

（4）利用三叉树实物期权模型，综合了碳价、技术进步以及政策激励等多种不确定因素，对 UGCC - CCS 项目投资收益进行了评估，明确了投资临界条件以及最佳投资时机，并针对 UGCC - CCS 项目运营方式选择和电厂选址问题提出了建设性建议。结果显示，不考虑碳市场时，UGCC - CCS 电厂无投资可能。将 UGCC - CCS 电厂纳入碳市场，在负责碳捕集和全流程两种运营方式下，电厂投资临界碳价分别为 518.49 元/吨和 527.93 元/吨，最佳投资时机均为 2032 年。有必要通过政府补贴方式，促使电厂尽早投资。当上网电价补贴为 0.5 元/千瓦时或研发补贴为 30 亿元时，电厂最佳投资时机可分别提前至 2027 年和 2028 年。

目　录

1 绪 论

1.1 研究背景

作为国家繁荣的动力和安全的基石，能源是国民经济持续稳定发展的基础和物质保证。随着社会经济蓬勃发展，人们对于生活品质的要求日益提高，对于能源的需求更是与日俱增。2020 年是全面建成小康社会和“十三五”规划收官之年，能源开采利用也将迎来新机遇，清洁、高效、低碳发展成为一种必然趋势。

1.1.1 我国面临能源危机和气候变化双重挑战

受错综复杂的国际环境、新冠疫情以及经济复苏好于预期等综合因素影响，全球天然气、煤炭等能源价格不断波动，出现了轮番持续上涨的现象。我国正面临能源危机的严峻挑战，一方面，我国电力格局以火电为主，受动力煤供给影响，火电短期内无法缓解用电紧张局势。加之部分地方政府为突击完成“能耗双控”任务，采取强力减碳手段，最终发生“电荒”，以致不得不采取拉闸限电的措施。另一方面，国内各种自然灾害以及极端天气的增加也可能严重影响能源供给，导致供需失衡。能源危机表明了加快能源转型的迫切性，但切不可采取激进的转型方式，比如“一刀切”地限制煤电发展或运动式“减碳”，应当充分考虑能源结构和产业结构等基本要求，在不影响国家经济和社会发展的前提下，多措并举地稳妥促进化石能源和非化石能源的科学合理使用。

此外，能源过度消耗产生的大量诸如 CO_2 等温室气体也将会引发全球气候变暖，俨然成为当前人类社会面临的另一严峻挑战。气候变化不仅被证实对生态环境和人类健康有着不利影响，还涉及全球经济和地缘政治问题，已引起全球各个国家的广泛关注。自 19 世纪 80 年代以来，全球平均气温已累计上升超过 1.1℃，从而导致全球生态环境出现一系列变化，包括冰川消融，海平面显著升高以及热浪、洪灾、旱灾等极端气候事件的出现频次与强度持续上升，可能对经济产生不利影响。全球气候模式研究表明，应对气候变化具有全球外部性。换句话说，就减碳而言，不同国家对温室气体排放控制的贡献有所不同，然而减缓全球气候变暖几乎不受该贡献差异影响。因此各国很难在气候变化问题上独善其身，应该携起手来共同应对。

欧盟、美国以及俄罗斯等发达国家积极尝试采取各种行动逐步促进能源结构的多元化或进一步加强能源效率的提升，例如通过签署《联合国气候变化框架公约》《京都议定书》等方式加强对气候问题的关注和重视，但这些行动也只能在一定程度上控制温升。为了将气候变化的潜在风险降到最低，《巴黎协定》提出了世界各国应对全球气候变化挑战的长远目标，即实现较工业化时期全球气温上升幅度控制在 2℃以内，并争取将温升幅度控制在 1.5℃的目标。联合国环境规划署（UNEP）公布的《2020 排放差距报告》表明，1.5℃目标对碳预算的要求更为严格，即使各国完成了自主贡献（NDC）目标，仍存在 3200 亿吨 CO_2 排放差距，每个国家应全面提高自主贡献度。为此，大部分国家和地区，如美国、欧盟、英国、日本、新西兰等提出了 2050 年前实现碳中和的目标。少部分国家，如瑞典提出将在 2045 年完成碳中和计划。2020 年 9 月 22 日，习近平主席在第七十五届联合国大会上，提出我国将提高国家自主贡献度，出台一系列更加有力的政策措施，争取在 2030 年前完成碳达峰，并力争于 2060 年前实现碳中和。截至 2020 年年底，全球已有 137 个国家以立法或是政策宣示等不同方式提出了碳中和的目标。我国“双碳”发展目标的宣言事关中华民族的永续发展，也充分体现了我国应对气候变化和推进人类命运共同体建设的责任与担当，是促进经济发展全方位绿色转型的必然选择。

1.1.2 双碳背景下煤电在能源系统的战略地位

在全球竭力推进碳中和的背景下，保障能源供给安全并使其向低碳方向转型成为中国实现“双碳”目标的必然选择。据统计，2020 年，我国电力部门共排放了 12.3 亿吨二氧化碳，占所有能源相关二氧化碳排放的 40% 左右，成为我国确保“双碳”目标达成的关键部门，其减排效果将直接影响指标完成的进度。此外，受资源禀赋影响，我国是以化石能源为主的国家。2020 年，我国煤炭消费量为 28.3 亿吨标准煤，占能源消费总量的 57%，预计 2030 年实现碳达峰后，煤炭消费占比会有所下降，但仍将在 50% 左右，可见煤炭在能源供给中起到了重要的托底保障作用。基于此背景，在达成双碳目标的过程中，煤炭资源不应被消极对待或者竭力去除，而应真正被重视并充分挖掘其节能减排潜力，尤其是发挥好清洁煤电技术的优势与作用。一方面，煤炭转换为电力后，能源品质得到有效提高，且电力作为高效的二次能源可有效实现全社会能效水平的提升；另一方面，虽然全球能源结构变革最终目标是完成可再生能源对现有传统化石燃料的取代，但在风能、太阳能发电尚不稳定且储能技术暂无革命性进展的条件下，煤电仍发挥着重要的兜底保障作用。

地下煤气化（Underground Coal Gasification，UCG）是将煤炭资源就地气化，生成可燃合成气的煤炭低碳开采技术，尤其适用于深部及开采不经济的煤层，是对传统开采技术的补充，已被列为国家《能源技术革命创新行动计划（2016—2030 年）》之煤炭无害化开采技术战略创新方向。UCG 技术避免了煤炭开采、加工洗选和运输过程，不仅能减少温室气体及污染物排放，还能降低由此产生的各项成本，具有排放低、投资少、安全性高等优势，已被认为是应对能源危机和缓解气候变化的一种经济有效的解决方案。根据煤炭地质总局统计，我国 2000 米以内的煤炭总计 4.55 万亿吨。其中 1000 ~ 2000 米深度的煤炭资源约为 2.71 万亿吨，占我国资源总量的 59%，这部分煤炭资源若能被合理开发利用，可极大程度增加我国现有煤炭资源储量。现有技术尚不足以支撑对这部分煤炭资源的开采，深度在 2000 米以上的煤层资源更难以利用，造成了煤炭资源的极大浪费。UCG 技术本质上彻底改变了传统煤炭资源的使用方式，将环境保护的重点放在源头而非末端治理，满足双碳目标对新时期化石能源转型升级的要求，是一种适应国家经济持续发展总体战略需求的环境友好型低碳技术。

UCG 产生的合成气应用范围很广，可用来发电、产热以及制氢等，其中发电是合成气重要利用途径之一。将 UCG 与整体联合循环发电（Integrated Gasification Combined Cycle，IGCC）技术相结合，可形成新型的地下气化联合循环发电（Underground Gasification Combined Cycle，UGCC）技术，它是一种清洁低碳的煤气化发电技术。其过程是将煤炭资源在地下气化后，转化为中低热值合成气，合成气通过净化处理后，被输送到蒸汽—燃气联合循环系统中发电。UGCC 电厂产生的尾气中含有大量 CO_2，直接排放会加剧全球变暖、臭氧层破坏等环境影响。碳捕集与封存（Carbon Capture and Storage，CCS）技术是解决 CO_2 排放的关键技术，它是指将 CO_2 从工业或相关能源行业的排放源中捕集分离后，封存于地下的过程。IPCC 在第五次气候评估报告中指出，任何气候模式如果没有 CCS 技术的参与，都难以实现 CO_2 深度减排目标，且碳减排的成本增幅有可能会高达 138%。与现有煤电技术相比，UGCC 与 CCS 的技术组合具有一定优势。首先，地下气化过程产生的大量 CO_2 可通过 CCS 技术被有效处理。其次，深部煤层的地下气化燃空区因其具有结构稳定、密闭性较好等特征，具有为 CO_2 提供封存场地的潜力。最后，地下气化技术制气成本较低，且运行场地靠近潜在的 CO_2 封存地点（如深部咸水层或枯竭油气藏等），一定程度降低了 CO_2 的捕集和封存成本。因此，一旦 UGCC - CCS 技术取得商业化突破，便可在盘活巨量深层煤炭资源的同时，尽可能地降低温室气体排放风险。

不管是基于能源安全视角出发，还是出于对清洁低碳、安全高效能源体系构建的考虑，UGCC - CCS 技术在未来一段时期可发挥重要作用，是保障能源安全供给、改善环境、积极应对全球气候变化的重要战略技术。目前世界上在建和已建成的地下气化电厂总量已超过 25 座，其中位于南非马久巴的 UGCC 电厂规模达 2100MW，是全球最大的地下煤气化电厂。我国在山东新汶、甘肃华亭和内蒙古乌兰察布进行的多次工业性试验也说明地下煤气化发电技术在产业化应用中具有可靠的前景，该试验也为以后技术发展提供重要的数据支持。

1.1.3 UGCC - CCS 项目大规模发展面临的挑战

UGCC - CCS 的发展对于保障能源安全、降低温室气体排放至关重要，是碳中和背景下的煤炭清洁利用重要颠覆性技术。也正因如此，UGCC - CCS 将面临比以往更为严峻的挑战，该项目在试验阶段虽已取得了阶段性胜利，但未规模化应用，仍面临诸多挑战。结合“双碳”目标，应基于对现有挑战的精确识别，以关键问题为导向，从技术、环境以及经济等多方面着手，推动煤电技术绿色低碳转型。UGCC - CCS 项目大规模发展面临的挑战体现在以下几个方面：

（1）技术障碍

为有效应对能源危机，节能增效成了当前能源领域的热点。节能措施可有效降低能源使用强度并显著降低碳排放量，而增效则强调通过技术进步或科学用能改善能源利用效率，从而进一步节约能源用量，维护生态环境。地下煤气化技术未来主要向中深部煤层进军，全球已有试验工程中，加拿大天鹅山的地下气化项目可谓地下煤气化技术发展的重要里程碑，验证了深部煤层气化技术的切实可行性。但地下气化过程相当复杂，涉及各种物理化学反应，受行业分割、工艺不够先进等因素影响，造成合成气组分波动较大且热值不高，进而影响整个电厂能量转化和利用效率，尤其是有用能的效率。能量品质与系统节能潜力关系密切，如果能量品质较差，难以很好地被系统所利用，节能潜力将非常有限。因此 UGCC 电厂的能量转换效率有待深入研究，以表征电厂能量品质，挖掘其节能潜力。

（2）环境问题

尽管 UGCC 电厂可有效降低上游开采阶段污染物以及温室气体排放，但也带来了新的环境问题，地下水污染和地表沉降被认为是较为严重的负面环境影响。鉴于地表沉降可通过适当的选址和管理运作而得到一定程度控制，地下水污染就成了地下煤气化的主要环境问题。气化煤层的残留物，如有机硫化物和多环芳烃等，可能会直接通过气体向周围岩层裂缝扩散或从地下水中浸出而迁移，污染地下水环境。根据特鲁埃尔工程试验采样发现，地下气化空腔内含有酚类等污染物。美国曾经也对一些地下气化站周围受污染影响的地下水实行取样检测，证明确实存在苯超标问题。美国的 Rock Mountain I 号气化项目，受浅层地下水污染而终止运行，澳大利亚林肯能源公司开展的 Chinchilla 5 号项目也因民众担心环境风险，最终受到国家环保政策影响而陆续停止。因此，任何项目在投资前都应对可能产生的环境问题进行全面评估。此外，受技术条件约束，地下气化反应并不充分，地下气化合成气中含有大量 CO_2，根据工程试验数据，地下煤气化产物中 CO_2占比为 32% ~47%，且随着气化压力升高，CO_2占比也会逐步增多，CO_2的处置是 UGCC 电厂规模化发展必须解决的问题。

（3）经济可行性

与 UGCC 项目规模化发展密切相关的两个成本问题是项目运行的经济可行性以及前期投资决策问题。理论上，UGCC 相比于传统煤气化电厂而言，节省了上游煤炭开采相关设施的资金投入以及对地面气化炉的投资，可有效降低电厂投资成本，这也在已有研究中得到了证实。然而电厂在运行过程中难免对环境产生影响，这部分外部成本往往容易被忽略，导致电厂整体成本被低估，使得企业对 UGCC 发电成本评估可能过于乐观。此外，随着煤层深度增加，地下气化单元会因对钻井技术、相关装备以及材料的高要求等原因，产生高昂建造成本，从而影响电厂发电经济性。从投资收益角度考虑，任何新兴项目在发展前期均需投入大量资金。例如，深部地下煤气化的商业化实现依赖于石油钻井技术以及先进的装备和耐高温材料等，前期需要大量研发时间投入及足够资金保障等。此外，除财政影响因素外，市场环境、技术发展以及电价变化等因素均对 UGCC 项目投资收益有不确定影响。在开展 UGCC 项目投资可行性评估工作时，应充分考虑上述不确定因素对项目投资收益的影响。

1.1.4 生命周期思维在能源系统评估中的作用

通常，生命周期是指从“摇篮”到“坟墓”的过程，包含原材料的开采、产品的生产与使用以及废物处理等所有过程。生命周期思维是一种系统性思维，主张考虑系统整个生命周期的各种影响，以便对可替代的产品、服务或技术进行评估。其于 20 世纪 60 年代出现，经过一段时期的发展，被纳入 ISO14000 环境管理系列标准成为国际环境管理的评价方法。生命周期评价（Life Cycle Assessment，LCA）是一种国际公认的环境管理工具，用于评估与产品、工艺或活动相关的环境负担，确定使用的能源和资源以及排放到环境中的废弃物，评估和实施改善环境的机会。此外，生命周期方法还可用于能源系统效率以及经济层面的研究，旨在从生命周期的角度为决策者提供帮助和支持。生命周期思维对于了解复杂系统多方面综合性能尤为重要，它强调对产品及服务的评价应涉及从“摇篮”到“坟墓”的整个过程，同时评价方法既适用于企业的产品研发与设计，又可为政府管理部门制定相关政策提供有力支持，已成为当前被广泛应用的系统性评价方法。

能源、环境和经济三者是互相促进和制约的关系（见图1.1），三者对UGCC－CCS电厂的影响存在于整个生命周期过程，生产链上任何环节的疏忽，都会造成结果的偏差。例如，若地下气化开采阶段选址和规划管理不到位，可能引发环境风险，从而导致资源浪费并带来经济损失等。因此，对UGCC－CCS电厂的综合效益评估不应只着眼于少数几个环节，而应利用生命周期思维，关注整个产业链的所有环节，将源头预防、过程控制以及末端综合治理有机结合，以保障电厂在全流程过程中的高效、环保和经济性，并充分了解电厂整个生命周期过程中的各种形态资源。电厂生命周期过程涉及煤炭开采、煤炭洗选、煤炭运输及终端消费等多个环节。从整个生命周期角度出发，对项目进行三个维度全面系统的评价，不仅可以改善项目的环境效益、降低能源消耗，还可以对成本做出准确的评估。此外，还可将UGCC－CCS作为全生命周期管理的研究案例，在积累经验的同时丰富生命周期数据库，为今后制定更合适的能源政策奠定基础。

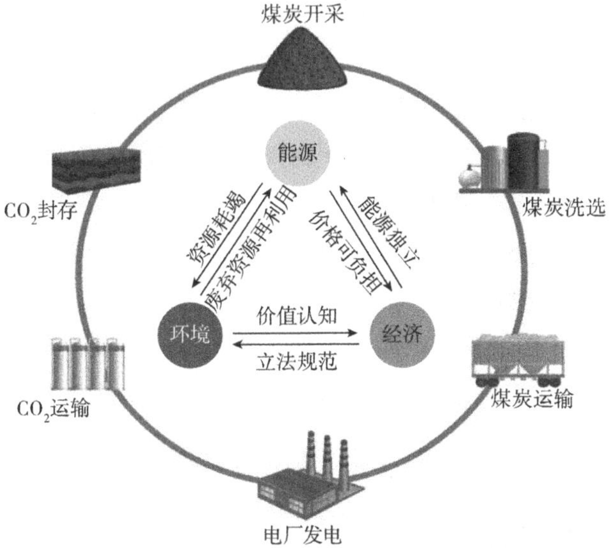

图1.1　生命周期过程中能源、环境和经济三者的关系

1.1.5　规模化部署UGCC－CCS项目需要解决的科学问题

UGCC－CCS技术不仅改变了传统煤炭利用方式，增加了可用煤炭资源储量，也一定程度地减缓了气候变化并降低了污染物排放，是一种极具发展潜力的煤炭清洁发电技术。尽管各国现有的试验项目已经取得了长足进步，但大规模商业化部署并不是一蹴而就的，能量转化效率的不确定性、可能产生的环境风险、成本竞争力以及投资可行性问题共同制约着 UGCC - CCS项目的大规模商业化发展。此外，对于公众和管理者而言，这项技术仍属于新兴技术，虽已得到了一些国家的许可和审批（如澳大利亚、英国、加拿大、美国及中国等），但对于项目的实施缺乏明确的规定和激励政策，这也极大程度地限制了项目的现场试验和商业开发。当前投资者对于 UGCC - CCS 的发展充满信心，认为它可以替代传统煤电技术，并取得理想效果。但这项技术仍需要研究。

因此，本研究将基于生命周期视角，科学合理地量化项目在能效、环境以及经济方面的效益，并基于实物期权理论为项目投资决策做出科学合理的评估，拟解决如下关键问题：

（1）地下煤气化产生的合成气热值较低，可能导致相应的电厂能源转换效率不高，需要对 UGCC - CCS 电厂生命周期能源转换效率进行详细评估。

（2）地下气化过程虽可降低大气污染物排放，但也带来了地下水环境问题。需要研究 UGCC - CCS 电厂生命周期环境影响如何，以及造成电厂环境影响的关键环节有哪些。

（3）研究环境问题引起的负外部性成本以及合成气运输距离对UGCC - CCS 电厂整体经济性的影响如何。

（4）UGCC - CCS 项目现阶段仍处于初步发展阶段，尚未大规模商业化应用。需要研究该项目是否具有投资可行性、投资临界条件以及最佳投资时机。

1.2 研究现状

随着我国经济不断发展，能源需求持续增加，能源结构调整及产业结构优化将面临诸多挑战，在碳达峰与碳中和目标下，应加快建立安全高效、清洁低碳的能源体系。煤炭作为主要一次性能源，对于保障能源安全起到重要作用，但也是大气污染物的主要排放源，发展低碳高效的煤炭清洁技术势在必行。基于此背景，UCG 作为一种新兴的煤炭清洁开采技术，引起了学者的广泛关注。由于该技术受地质选址、气化剂选取、煤层深度与厚度等多方面因素制约，产生合成气组分不稳定且存在潜在安全问题。学者针对这些问题也在不断进行各种模拟和试验。现阶段，随着试验规模的逐渐扩大，研究理论也得以逐渐加强和完善，逐步形成了自身特有的演进脉络。对 UCG 的研究热点及前沿进行探索，有助于建立一个全面系统的理论体系，为科研人员剖析 UCG 研究现状、把握研究热点及前沿提供重要参考依据。

作为 UCG 合成气重要应用途径之一的 UGCC 技术是本章关注的重点。研究人员基于多种模型和方法，从理论和试验层面对 UGCC 技术进行了细致和深入的研究。尽管技术层面研究较多，但随着国家对环境问题的越发重视，以及企业对产品经济性关注度的提高，学者也逐渐开始研究 UGCC 的环境影响和经济可行性。对 UGCC 进行多维度研究，旨在促进其在能源、环境和经济方面的协调发展，使得电力部门在保障经济效益的条件下，完成节能减排目标。

综上所述，本书从两个方面展开综述：一方面，从文献计量角度出发，对 UCG 领域的相关文献进行可视化分析，包括发文时空分布、高产机构和高产作者、学科和期刊分布、高被引论文等，揭示地下煤气化技术研究的轨迹、方向和演化规律，明确了该领域的研究热点和前沿，将有助于学者更好地把握该领域未来发展趋势及焦点问题；另一方面，结合本研究方向，重点对地下煤气化与发电耦合的文献进行梳理与评述，明确研究不足与空白，提炼本研究开展的必要性。

1.2.1 地下煤气化项目文献计量分析

为明确国际学术领域在地下煤气化方面的研究热点及未来发展态势，本书借助 CiteSpace 5. 8. R3 工具对所采集数据进行可视化分析。文献计量数据均来源于 Web of Science 平台的 Science Citation Index Expanded（SCI－E）和 Social Sciences Citation Index（SSCI）数据库。检索主题词为“underground coal gasification”，时间跨度设置为 2000—2021 年，检索日期是 2022 年 2 月，初步得到 501 篇原始文献。为提高被检索文献与地下煤气化研究的相关程度，经过人工筛选后排除了与本书主题不符文献，最终得到 376 篇有效文献。其中，中国数据仅包括“中国内地（大陆）”，香港地区、澳门地区及台湾地区数据未纳入。英国数据包括英格兰、苏格兰、北爱尔兰和威尔士数据。

1.2.1.1　文献数量时空分布特征

为分析地下煤气化领域的研究历程，我们对 2000—2021 年发表的 376 篇文献进行了统计分析。从图 1.2 中可以看出，论文的发表经历了三个阶段，即潜伏奠基期、稳定上升期和爆发增长期。2000—2007 年为潜伏奠基期，在这一阶段该领域并未引起国际学者重视，每年发文量较少，年均发文量不足 10 篇，占总发文量的 10.64%。直到 2008 年，该领域逐渐受到关注，2008—2014 年为稳定上升期，年均发文量翻倍，占总发文量的 25.53%。这一时期文献数量增加较多且在之后的年份里持续稳定增长。2015—2021 年为爆发增长期，发文量占比达到 72.34%。这一阶段国际学者在世界各地进行了大量地下煤气化的工程试验，该技术也逐渐趋于稳定和成熟。在此基础上我们对该领域发展有了初步认识，一方面，每年增加的文献数量可反映该研究领域发展速度；另一方面，文献数量逐年增加的现象充分说明了地下煤气化研究的不断深入。

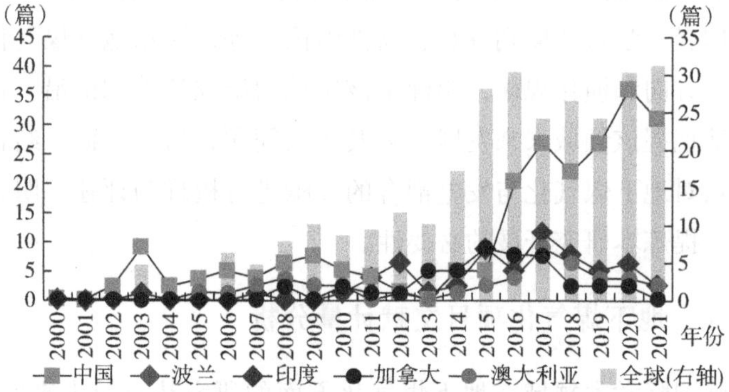

图 1.2　地下煤气化领域文献数量时空分布

从空间分布来看，在地下煤气化领域发文量排名前 5 的国家包括中国、波兰、印度、加拿大和澳大利亚，发文量分别为 175 篇、99 篇、51 篇、39 篇和 38 篇。这 5 个国家是发文量主要贡献国，是该领域研究的主导力量。其中，中国发文量占总发文量的 32%，远超世界其他国家，这与中国“富煤、贫油、少气”的能源禀赋特点有关，煤炭作为中国能源的基础资源，短期内还难以实现根本性转变，UCG 作为煤炭清洁利用领域的重要颠覆性技术成为国内学者关注的热点。

1.2.1.2 研究机构与作者

通过对研究机构以及作者合作网络的分析，可识别出在地下煤气化领域发表大量论文、具有较强影响力的重要机构和主要研究人员，并了解相互间合作关系。通过将筛选标准TopN设置为50，得到179个节点，167条链路，网络密度为0.0105，说明该领域研究机构间合作较少，如图1.3所示。从合作网络的角度来看，中心性是衡量节点在网络中信息交流能力的重要指标，表示一个节点在整个网络中与其他节点的连接数量强度。通常中心性越高，该节点媒介性越强。中国矿业大学（China Univ Min & Technol）的中心性最高（0.06），中央矿业学院（Cent Min Inst）次之（0.04）。此外，从图1.3中还可以发现，研究机构之间的合作与地理位置关系密切，例如，从全球来看，位于波兰的Cent Min Inst（中央矿业学院）和AGH Univ Sci & Technol（AGH科技大学）之间合作密切，印度的Indian Inst Technol（印度理工学院）和Indian Inst Technol Guwahati（印度理工学院古瓦哈提校区）也保持着紧密的联系。对于国内而言，位于徐州和北京的中国矿业大学是研究地下煤气化的主要机构，并达成了一定合作共识。

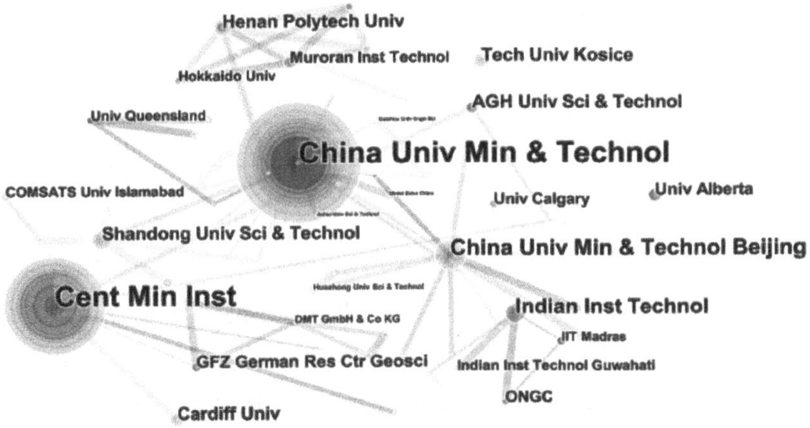

图1.3 地下煤气化领域机构合作网络

科研机构或者高等院校在地下煤气化领域的发文量可体现其在这一领域科研力量的强弱，表1.1列出了地下煤气化领域最高产的10个机构。其中，发文量排名第一的机构是中国矿业大学，论文共计62篇；排名第二和第三的是中央矿业学院和中国矿业大学（北京），发文量分别为 52 篇和 20 篇。同时，发文量前 10 的机构中，中国机构有 3 个，发文量占比达 42%，这也表明了中国科研机构对地下煤气化领域的高度关注。这些数据可以为对地下煤气化领域感兴趣的研究人员提供有价值的信息，以选择潜在学习或合作机构。与此同时，发文量前 3 的机构也是中心性排名靠前的机构，说明这三个机构不仅发文量较多，也在众机构中起到了较强的媒介功能。从合作强度来看，合作机构仅局限于本国，缺乏跨国机构的交流，未来应加强不同国家与机构之间的合作和专业知识分享，这也是影响 UCG 大规模发展的关键。

表 1.1　地下煤气化领域主要发文机构

排名	机构	文献数量（篇）	中心性	发表年份
1	China Univ Min & Technol	62	0.06	2002
2	Cent Min Inst	52	0.04	2009
3	China Univ Min & Technol Beijing	20	0.05	2006
4	Indian Inst Technol	17	0.03	2007
5	Tech Univ Kosice	14	0.01	2009
6	Univ Calgary	13	0.01	2010
7	Henan Polytech Univ	11	0.01	2016
8	Shandong Univ Sci & Technol	11	0.01	2017
9	GFZ German Res Ctr Geosci	10	0.02	2014
10	AGH Univ Sci & Technol	10	0.01	2012

为了进一步了解作者之间的合作模式，保持 CiteSpace 其他设置不变，节点类型改为“作者”，生成如图 1.4 所示的地下煤气化领域作者合作关系网络。共得到作者节点 210 个，链路 284 条，网络密度为 0.0129。从图 1.4 中可看出，当前该领域有多个聚集团体，其中以 KRZYSZTOF STANCZYK 和 KRZYSZTOF KAPUSTA 等聚集的团体最大，且平均发文量较高。该学术团体中心性及发文量表现较为突出，说明是该领域较为重要的团体。在中国，分别以 LH YANG（杨兰和）及 SHUQIN LIU（刘淑琴）为主导的两大团队有着较大发文量，且有一定合作关系，其中，刘淑琴团队成果更多集中在近几年。其余团体发文量、中心性皆较低，且未出现节点特别突出的作者，这也意味着国际各学者之间研究还不够系统，未形成较

成熟的核心领域。学者间较为分散的状态是造成 UCG 研究相关理论及概念难以达成共识的原因之一，为此，学者应加强沟通交流，以便尽快促进该领域技术发展。

图 1.4　地下煤气化领域作者合作关系网络

1.2.1.3　学科及期刊分布

根据 Web of Science 数据库提供的学科类别，我们进一步对研究文献所属学科领域进行了分析。由表 1.2 可知，国际期刊发表的该领域研究涉及的学科类别较为丰富，排名前 5 的学科为能源燃料（216 篇）、工程学（205 篇）、生态环境科学（64 篇）、热力学（47 篇）、化学（38 篇），占比分别为 57.45%、54.52%、17.02%、12.50%、10.11%，这些学科均是地下煤气化研究领域的重要学科。跨学科交叉有助于完善该领域研究方法并健全研究体系，也表明该领域的研究和发展需要不同学科的共同努力才能实现。

由于地下煤气化是以化石能源为燃料的低碳能源技术，因此发文期刊多为能源燃料学科期刊，主要包括 *Fuel*、*Energy* 和 *Energy Sources, Part A: Recovery, Utilization, and Environmental Effects* 以及 *Energies*、*Energy Fuels*、*Fuel Processing Technology* 等，约占总发文量的 40%（见表 1.3）。其中，*Fuel* 发文量最高，发表的文献也反映了该研究领域的基础和热点，*Fuel* 是本领域重要参考期刊。

表 1.2　地下煤气化领域主要学科

学科	文献数量（篇）	占比（%）
能源燃料（Energy Fuels）	216	57.45
工程学（Engineering）	205	54.52
生态环境科学（Environmental Sciences Ecology）	64	17.02
热力学（Thermodynamics）	47	12.50
化学（Chemistry）	38	10.11
矿业矿物加工（Mining Mineral Processing）	32	8.51
地质学（Geology）	20	5.32
科学技术其他主题（Science Technology Other Topics）	15	3.99
力学（Mechanics）	11	2.93
地球化学和物理学（Geochemistry Geophysics）	10	2.66

表 1.3　地下煤气化领域高产期刊

期刊	刊文量（篇）	占比（%）	影响因子
Fuel	58	15.43	6.609
Energy	23	6.12	7.147
Energy Sources, Part A: Recovery, Utilization, and Environmental Effects	23	6.12	3.447
Energies	20	5.32	3.004
Energy Fuels	13	3.46	3.605
Fuel Processing Technology	10	2.66	7.033
Applied Energy	9	2.39	9.746
International Journal of Hydrogen Energy	9	2.39	5.816
Journal of the Southern African Institute of Mining and Metallurgy	9	2.39	0.807
Mitigation and Adaptation Strategies for Global Change	9	2.39	3.583

1.2.1.4　共被引文献

文献共被引分析有助于找出地下煤气化研究关键文献以及有重大发现的核心文献，是了解该领域知识结构的有效途径。根据 CiteSpace 提取的统计数据，绘制了该领域的文献共被引网络图（见图 1.5），节点数为 199 个，链路为 374 条，网络密度为 0.019。共被引频次越高，图 1.5 中节点半径就越大，表明文献越重要。作为排名第一的文献，Bhutto A. W. 等

(2013) 对国内外 UCG 研究现状进行了全面介绍，尤其是 UCG 燃料的物理和化学特性、反应机理、气化炉设计和运行条件，并总结了 UCG 技术的优势和挑战，并对其发展前景进行了展望。Perkins G. 等 (2018) 排名第二，该文献详细分析了影响 UCG 气化性能的主要因素，如煤阶、深度和厚度、氧化剂组成和注入速率等，简要评估了与地下煤气化项目相关的经济和环境因素，并根据以往示范工程经验，提出了选址和气化剂选择的指导原则。Stanczyk K. 等 (2011) 排名第三，主要比较了硬煤和褐煤在 UCG 模拟过程中产生的水污染物的形成和释放过程，结果表明水污染物的形成与煤的煤化程度、元素组成以及气化温度有关。通过统计发现，关于 UCG 的高被引文献，多数聚焦于技术层面，是对于 UCG 过程气化剂以及反应机理等技术问题的探讨。

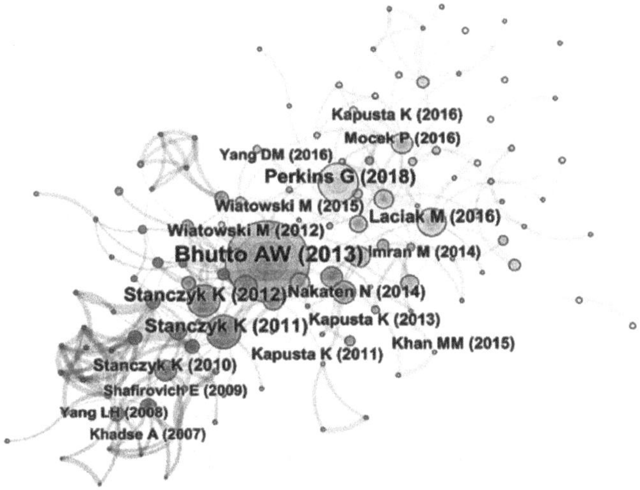

图 1.5 地下煤气化领域文献共被引网络

1.2.1.5 研究热点和前沿

关键词是文献的核心，提炼了论文中有价值的信息，关键词共现及聚类图可反映该领域热点话题，突发关键词被用于识别研究前沿问题。图 1.6和图 1.7 分别是关键词共现和聚类图，共有 72 个节点、203 条链路，网络密度为 0.0794。每个单独的节点表示一个关键词，节点大小反映了重要性。出现频率前 5 的关键词分别是 “underground coal gasification” “lignite” “model” “syngas” 和 “energy and exergy”，其中，“underground coal gasification”的直径最大，表明该关键词出现频次最高，为 95 次。内圈深浅度分布均匀说明该关键词自出现以来一直备受关注，并且近年来关注度还在持续上升，是该领域长久的研究热点。“syngas”“char”虽然直径较小，但外圈呈现出了较深色，表示近年来增长速度较快，有可能成为未来的强势关键词。此外，大部分词外圈为浅色调，说明近年新增关键词较少，关键词出现年代较早。

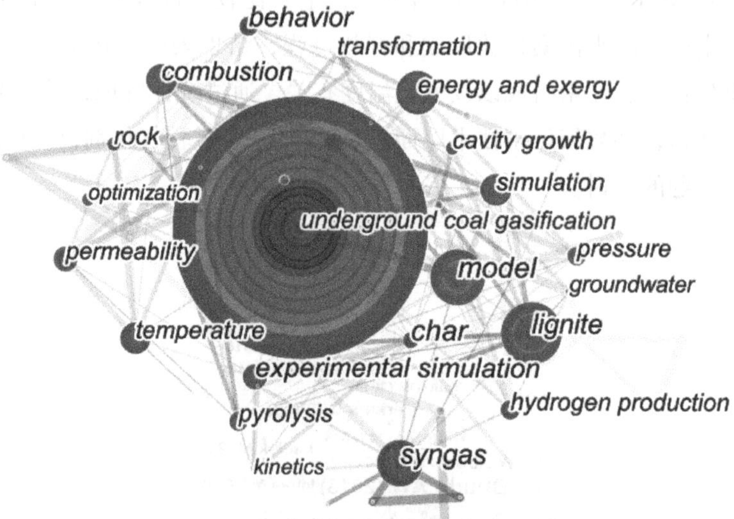

图 1.6　地下煤气化领域关键词共现网络

为进一步深化关键词共现关系，更好地了解 UCG 热点主题分布，本研究采用对数似然比（LLR）算法并根据关键词相似度将其聚类命名，得到如图 1.7 所示的 5 个聚类簇。图 1.7 中数字序号代表了该研究热点在领域中的重要程度，可看出地下煤气化领域的研究热点主题集中在以下几个方面：

（1）建模研究。UCG 可获取低品位、难开采煤层的煤炭资源，其项目研发已在多个国家进行，大部分文献都涉及了 UCG 建模。主要模型有：选址模型、地表下沉模型、地下水流与监测模型、流体力学计算模型、空洞生长模型以及合成气质量模型等。这些模型可用来估算合成气数量和成分、模拟填充床气化物理过程、研究流体力学及传热反应、估算可转化合成气的煤炭资源量等。

（2）制氢应用。由于 UCG 可获取低品位、难开采煤层的煤炭资源，在生产具有竞争力的合成气方面潜力极大。其中，制氢是 UCG 合成气的主要用途之一，此外还可用来发电，合成天然气和其他燃料等。目前关于合成气制氢的应用研究较多。

（3）与碳捕集技术集成。在 UCG 过程中，会产生大量 CO_2，将其从产品气体中分离并封存是一个值得关注的问题。由于 UCG 场地与 CO_2 封存场所地质条件极为相似，将 UCG 与 CCS 结合有利于降低 CO_2 封存成本。

（4）过程反应机理。日益增长的能源需求、石油和天然气的枯竭以及全球气候变化的威胁引起了国际上各组织对 UCG 技术的关注，并随即展开了相关研究。包括 UCG 过程的运行条件、气化剂影响、温度和压力影响、热损失影响以及空腔生长规律等各种技术问题。

（5）污染物排放问题。尽管 UCG 具有安全、低碳和经济优势，但仍存在负面环境问题。地下水污染和地面沉降被认为是最严重的两大环境问题。尤其是地下水污染，由于在气化通道的氧化、还原和热解区会发生各种非均相和均相反应，过程中不可避免地产生环境污染物，并随着煤层空隙渗透或泄漏到地下水层。

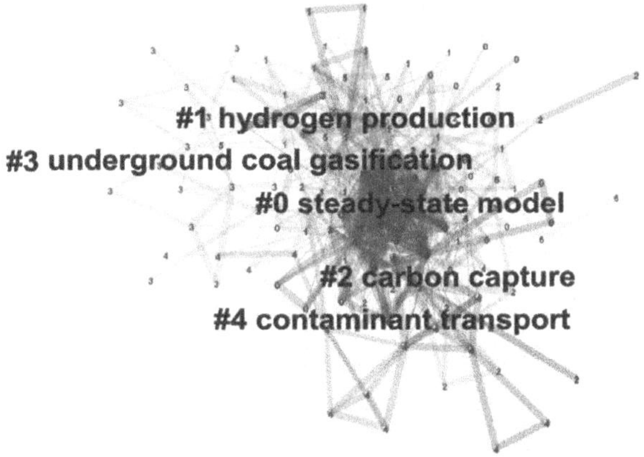

图 1.7　地下煤气化领域关键词共现聚类簇

突现关键词是指在短期内发生较大变化的词，通过对其分析，可了解该领域研究前沿。对该领域文献关键词进行提取分析后，得到 10 个表现最强的突现关键词（见图 1.8），图 1.8 中 Begin 表示关键词首次突现的年份，Strength 表示关键词的突现强度。浅色线代表研究时间段（2000—

2021 年），深色线表示每个关键词第一次出现的时间及持续时间，可反映出该关键词在研究领域的影响力持续程度。突现关键词包括“behavior”“cavity”“scale”“pyrolysis”和“water”，其中“pyrolysis”和“water”突现至今，并极可能在未来一段时间对该领域的研究施加影响力。与此同时，在经历突现期后，早期突现词或被削弱或被迭代，但都真实地反映了这一领域的发展脉络和重要节点。突现强度最大关键词为“carbon capture and storage”，这一关键词会对该领域后期发展产生重要影响。综上所述，未来关于地下煤气化领域的研究可能聚焦在以下几个领域：①UCG 反应行为研究；②空腔生长规律；③UCG 规模研究；④UCG 过程的热解反应；⑤UCG过程排放的有害物质对水体的影响。

Top 10 Keywords with the Strongest Citation Bursts

Keywords	Year	Strength	Begin	End
flow	2000	3.17	2000	2009
numerical simulation	2000	2.10	2006	2011
chemical reaction	2000	2.81	2008	2013
carbon capture and storage	2000	3.21	2014	2015
carbon dioxide	2000	2.95	2014	2016
behavior	2000	2.28	2016	2018
cavity	2000	2.07	2016	2017
scale	2000	2.54	2017	2018
pyrolysis	2000	2.39	2018	2021
water	2000	2.21	2019	2021

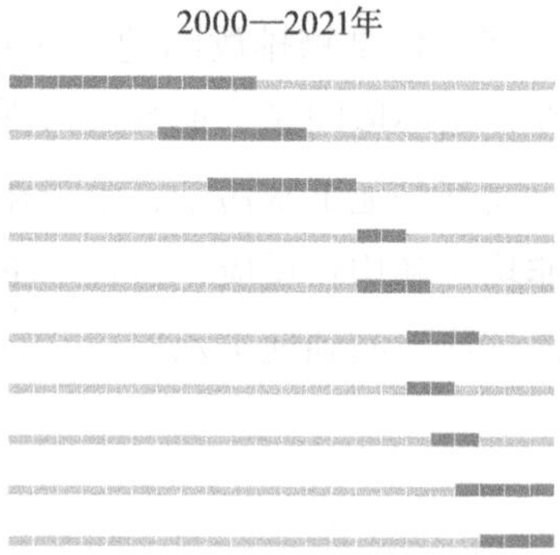

图 1.8 地下煤气化领域关键词突现

1.2.2 UGCC 项目研究现状

本节主要对 UGCC 项目在能源效率、环境和经济方面的研究进行回顾与总结，分析其研究现状并明确不足之处，作为后续研究的基础，以便未来更好地应对 UGCC 项目面临的能源、环境和经济方面的问题与挑战，促使其健康稳步发展。

1.2.2.1 UGCC 项目㶲效率研究现状

能量分析可通过确定能量损失的性质、大小与分布，指明提升能量利用率的方向。能量分析方法包括两种：一种是能效率，可衡量能量在数量上的传递、利用和损失的情况；另一种是㶲效率，分析能量中有用能的转换、利用及损失情况。两种方法中，能效率分析只能衡量能量数量，不能揭示质量损失，仅通过能效率分析来评估系统效率可能会产生误导。然而㶲效率分析可有效弥补这一不足，因为㶲不仅在一定程度上反映了能量数量的多少，还可反映能量品质的高低。因此，从㶲效率的角度分析更加科学合理。

已有学者利用传统㶲效率方法对 UCG 及其合成气应用的能源系统进行了效率评估。Eftekhari 等基于已有数学模型，首先预测了不可开采的深部薄煤层在空气/蒸汽交替注入的情况下，气化后的合成气组分、温度以及煤炭转化率。在此基础上，对 UCG - CCS 进行了能量和㶲分析。研究了各工艺参数对 UCG 效率、零排放回收率以及 CO_2 排放的影响，并与混合注入空气和蒸汽的情况进行了对比。结果表明，尽管空气/蒸汽交替注入的方式更符合实际，但混合注入方式的煤炭回收率更高。在现有技术水平下，不可开采深部薄煤层无法实现煤炭资源的零排放，需要进一步提高 CO_2 捕集过程的能源效率。Verma 等基于构建的模型来评估 UCG 合成气制氢效率以及在联合循环电厂中的发电效率。结果表明，UCG 合成气制氢能源效率为 58. 10% 。若未配备 CCS，除了产氢，大约 4. 70% 的能量被转化成电力输入电网。当 CO_2 捕集率为 91. 60% 时，每消耗 1MJ 煤则会产生 2. 40% 的电力能源惩罚。H_2 转化率随 H_2/O_2 注入比的增大而减小，随汽碳比的减小而增大。地下水涌入对氢转化效率的影响较小，而对变压吸附装置中 H_2 分离效率的影响较大。Prabu 和 Jayanti 将 UCG 看作一种制氢途径，研究了其富氢合成气与燃料电池（SOFC）耦合发电的可能性。热力学分析结果表明，与 UGCC 电厂相比，系统的热效率有较大提高，UCG - SOFC - CCS 系统总效率为 32. 00% 。单佩金等结合煤炭地下气化模型试验，基于热力学第一和第二定律建立了 UCG 系统㶲评价模型，分析了不同 O_2 浓度条件下，UCG 系统㶲效率及不可逆㶲损。结果发现，富氧浓度为 40. 00% 、60. 00% 和 80. 00% 时，UCG 气化炉的综合㶲效率分别为 67. 47% 、73. 00% 和 78. 52% ，不可逆㶲损分别为 32. 53% 、27. 00% 和 21. 48% 。提高 O_2 浓度可显著提高系统㶲效率并降低不可逆㶲损。

以上研究主要集中于 UCG 及合成气应用系统的特定设备或系统㶲效率，未从生命周期的角度考虑产品的整个生产链，相应的分析结果只能为系统的某些部分提供优化方法。此外，这些研究并未对资源消耗和污染物排放进行量化。对于系统资源、能源消耗的量化研究，有学者提出了累积㶲概念（CExC）。累积㶲是指生产某一物质或资源整个生命周期所消耗的资源㶲值之和，该指标可量化系统资源及能源的消耗。Liu 等利用 Aspen 构建了 UCG 与地上煤气化（SCG）制氢的㶲生命周期模型，对其能源利用和资源消耗进行了对比研究。结果表明，UCG 和 SCG 制氢生命周期㶲效率分别为 40.48% 和 40.98%，表明了 UCG 在制氢领域有一定竞争力。敏感性分析显示，㶲效率随着 H_2O/O_2 和 O_2/CO_2 比率的升高而增大。此外，还可发现 UCG 更适合小规模制氢。然而，上述研究仅对 UCG 制氢系统㶲效率及资源消耗进行了量化，并未考虑污染物排放对环境的影响。

关于 UCG 及其合成气应用的环境影响研究主要集中在 GHG 排放。Hyder 等分析了 UGCC 电厂的生命周期温室气体排放，并与煤粉（PC）、超临界煤粉（SCPC）和 IGCC 电厂的结果进行比较。可知，UGCC 电厂生命周期温室气体排放最低。该研究仅考虑了 UGCC 电厂温室气体排放，并未对电厂能源效率进行评价，无法判断 UGCC 电厂技术方面竞争力。Korre 等对采用三种不同煤种的 UGCC/UGCC - CCS 电厂生命周期能源效率和碳足迹进行了评估，结果表明，UGCC 电厂的能源效率为 29.36% ~39.51%，加装 CCS 后，能源效率有所降低，为 26.35% ~33.28%，选用褐煤有利于提高能源效率。此外，在碳足迹方面，烟煤 UGCC - CCS 电厂生命周期碳足迹最高，为 203.1kg/MWh。Doucet 等研究了 UGCC 电厂的热力学性能和 CO_2 排放，得出了 UGCC 电厂具有比 PC 和 IGCC 电厂更高的热效率（45.50%）以及更低 CO_2 排放强度（708kg/MWh）的结论。尽管二者考虑了能源效率，但并未考虑到能量贬值，且仅考虑了 CO_2 排放。Blinderman 和 Anderson 对澳大利亚 UGCC 电厂的㶲效率和 CO_2 排放进行了量化。结果表明，UGCC 电厂的㶲效率为 43.00%，与 PC 和天然气联合循环（NGCC）电厂相比，CO_2 排放量分别降低 55.00% 和 25.00%。该研究并未涉及配备 CCS 系统的电厂环境影响。

目前，环境影响评估的方法较多，LCA 方法是最常见的一种，但是该方法在特征化及标准化过程中引入过多主观因素，为避免这一缺陷，有学者提出了减排㶲概念（AbatEx）。减排㶲是指为消除污染物对环境的影响所需的㶲值，可量化污染物排放对环境造成的影响。目前，累积㶲和减排㶲已成为量化资源消耗和污染物排放影响的指标，实现了资源消耗与污染物排放在同一尺度的统一。然而，目前还没有将累积㶲和减排㶲应用于

UGCC 电厂以量化其资源消耗和污染物排放的环境影响。

回顾已有文献，关于 UGCC 能源效率及节能减排的研究，大部分只考虑了能量数量，忽略了能量贬值，且缺乏从生命周期角度的全面考虑。有必要从生命周期的角度出发，对 UGCC 电厂㶲效率、能源消耗及 GHG 排放进行系统评估，以全面衡量 UGCC 电厂技术竞争力以及节能减排潜力。

1.2.2.2 UGCC 项目环境影响评估研究现状

与直接燃煤发电方式相比，尽管 UGCC 是一种极具吸引力的新型环保发电技术，但仍不可避免地存在一些环境问题，有必要对其进行系统而全面的环境影响评估，为提高电厂环境性能提供科学依据。一般来说，环境影响可分为中点影响和末端影响两种类型。中点影响是以“影响”为导向，指污染物的排放导致的某一类型的环境影响。末端影响是以“损害”为导向，指污染物的排放对环境的最终损害，是中点影响基础上的进一步延伸。例如，温室气体排放加剧了太阳辐射强迫，从而造成了全球变暖的中点环境影响，而全球变暖可能会引发珊瑚礁破坏或海平面上升等末端环境影响。LCA 是一种应用较广的环境影响评估方法，有助于利益相关者深入了解 UGCC 电厂环境效益。

UGCC 是将 UCG 与 IGCC 有机结合的清洁煤气化发电技术，作为 UGCC 研究的基础，UCG 的环境问题理应被足够重视。鉴于可能的气体泄漏及气化腔污染物残留原因，地下水污染被认为是 UCG 技术的主要环境风险之一，有可能阻碍技术大规模商业化发展，学者为此也进行了大量研究。Liu 等对 UCG 引起的地下水污染全过程进行了分析，识别了典型污染物（包括苯酚和多环芳烃等微量元素）并提出了污染控制措施，如在地表处理被污染水源等。Kapusta 和 Stańczyk 研究了硬煤和褐煤在地下气化过程中对水体造成的影响，发现水体污染物的形成与煤的等级、组分和气化温度有关，且选取硬煤气化对地下水污染的环境负荷明显高于褐煤。Kapusta 等通过进行 UCG 过程的现场试验，对该过程地下水污染物的形成、释放和迁移进行了研究，识别了地下水中的有机污染物和无机污染物，并发现气化过程对地下水的影响会随时间和距离的增加而有效降低。但上述研究只是关注 UCG 过程的水污染问题，并未考虑其他环境因素，也并未涉及 UCG 合成气应用的环境影响评估。

迄今为止，关于 UGCC 项目生命周期评估的文献报道较少，且聚焦于温室气体排放问题。Hyder 等分析了 UGCC 电厂的生命周期温室气体排放，并与常规电厂发电相比较，结果表明，UGCC 电厂温室气体排放比传统 PC 电厂低 28%。Doucet 等研究了 UGCC 和 IGCC 电厂的热力学性能和温室气体排放并进行对比，结论是 UGCC 电厂具有更高的热效率及更低的 CO_2 排放强度。尽管以上研究为电力部门碳减排提供了一个有前景的替代方案，但由于忽视了 CCS 系统以及对其他污染物的影响评估，尚不足以作为检验 UGCC 环境性能的有力证据。Meintjies 通过对 UGCC 和 PC 电厂排放的大气污染物引起的环境问题进行量化和对比，发现 UGCC 电厂更具环保优势。同样地，该研究关于环境影响评估的类型较为单一，只涉及温室气体和部分空气排放物，也没有考虑加装 CCS 系统的环境影响。目前，只有 Korre 等评估了 UGCC - CCS 电厂多种类别的环境影响，并将其结果与配备 CCS 系统的 PC 和富氧燃烧电厂进行对比。结果显示UGCC - CCS电厂资源枯竭潜势和温升潜势最高。与此同时，他们还对比了选取不同煤种时，UGCC 和 PC 与富氧燃烧两类电厂的生命周期碳足迹，发现 UGCC 生命周期碳足迹很大程度依赖于合成气组分，而后两者则更多取决于上游过程排放。尽管该研究涵盖了较为全面的中点环境影响，但缺少从末端影响的角度研究环境问题。

综上所述，目前 UGCC 电厂环境影响评估主要针对温室气体排放，或只侧重于电厂生命周期的部分阶段。尽管温室气体排放是当前比较重要的环境影响之一，但并不能全面代表 UGCC 电厂的环境性能。此外，电厂环境影响不仅应包括中点和末端影响的所有类别，也需要从生命周期的角度来衡量，以便更好地了解电厂对整个产业价值链的环境影响。

1.2.2.3 UGCC 项目经济评估研究现状

UGCC 作为一种新型煤电清洁利用技术，环境性能固然重要，但未来进行商业化推广时，企业应更重视项目的经济可行性。随着 UGCC 技术的不断发展，越来越多的学者开始关注 UGCC 发电成本问题。Pei 等对用于化工原料的 UCG 合成气生产成本进行了估算，将其与天然气制合成气成本进行比较。结果表明，受天然气价格影响，利用天然气制合成气的成本为 24.46 ~ 90.09 $/TCM。而 UCG 生产合成气成本为 37.27 ~ 39.80 $/TCM，主要取决于煤层的厚度和深度。敏感性分析表明，较厚煤层有利于提高 UCG 产气经济性。为了研究 UCG 合成气发电的成本竞争力，Khadse 将热力学均衡模型与简易经济学模型相结合，对印度不同煤种地下气化发电的项目经济性进行评估。结果发现，利用亚烟煤和两种不同褐煤制合成气的成本分别为1.34 \$/GJ、0.90 \$/GJ、1.73 \$/GJ，相应的发电成本分别为24.27 \$/MWh、19.10 \$/MWh、28.11 \$/MWh。该研究还表明，100MW的UCG发电项目的资本成本范围为2.1亿~2.46亿美元。Burchart-Korol等对波兰UCG发电技术的生态效率以及生命周期环境影响和成本进行了评估。生命周期成本结果表明，为了使UCG发电更具成本效益，有必要在优化电力使用的同时，最大限度地扩大安装规模。敏感性分析表明，影响UCG发电生态效率的主要因素是电厂可利用率和煤层厚度。然而以上研究并未考虑电厂部署CCS后的成本竞争力。

在碳中和背景下，CCS技术是化石能源CO_2减排的重要手段，未来燃煤电厂的可持续发展离不开CCS技术的强力支撑。但是将CCS技术应用于燃煤电厂则不可避免增加电厂电力生产成本。为此，不少学者就部署CCS的UGCC电厂成本竞争力进行了详细评估。Nakaten等通过已构建的技术经济模型，评估了UGCC-CCS的能源需求、CO_2排放和成本竞争力，并将多种因素（如地质、技术和市场等）对发电成本的影响进行了敏感性分析。结果表明，未考虑CCS及CO_2排放费用时，发电成本为48.56 €/MWh；在涉及20.5%CCS成本以及79.5%的CO_2排放费用的情况下，成本显著上升到71.67 €/MWh；当考虑100% CO_2排放费用后，发电成本则为73.64 €/MWh；可见，将CO_2封存比直接排放更为经济，UGCC-CCS也被认为是保加利亚一种经济且低碳的发电选择。敏感性分析表明，地质模型参数对电力成本的敏感性低于技术组成、合成气组分及市场条件等相关参数。Pei对UGCC电厂发电成本进行了评估，并将结果与PC、IGCC和NGCC电厂进行了对比。结果显示，UGCC发电成本范围在45~48 \$/MWh时，与PC（45~60 \$/MWh）和IGCC（100 \$/MWh）相比更具优势。当天然气价格较低时，虽然发电成本与NGCC电厂相当，但其CO_2捕集成本（27~28 \$/tCO_2）低于NGCC电厂（47~58 \$/tCO_2）。该研究还发现，UGCC发电成本随着煤层厚度增加而下降，随煤层深度的变化趋势则正好相反。

上述关于UCG发电项目的成本研究主要涉及了电厂生命周期内的资本成本、运维成本、燃料成本等，未考虑其生命周期各阶段由污染物排放引起的外部成本，可能会低估电厂真实发电成本。对产品外部成本进行评估，一方面可促使企业在追求利润最大化的过程中兼顾环保要求，以实现经济效益最大化和环境危害最小化的目标；另一方面将环境影响货币化并纳入总成本，可为投资者做出最具可持续性的战略选择提供参考。当前针对其他行业或技术，不少学者开展了包括环境影响在内的生命周期成本评估，如再生纸生产、煤层气发电、煤制天然气以及生物质发电等。因此，为了合理评估UGCC电厂成本竞争力，应将环境影响进行货币化处理，构成外部费用并纳入生命周期总成本。除外部成本外，UCG合成气运输距离也是UGCC电厂发电成本重要影响因素之一。如果电厂选址距离UCG场地较远，造成合成气储运成本较高，会大大削弱项目经济性。以往研究并未考虑这方面的影响，无法为电厂选址提供参考依据。此外，现阶段UGCC成本评估仅局限于电厂环节，这可能会过分简化产品的可持续性且不能代表产品整个生命周期成本，因此产品的上游环节（如燃料获取、运输）和下游环节（如CO_2捕集与封存）也应被纳入研究的系统边界。

1.2.2.4 UGCC项目投资决策研究现状

现有能源项目投资评价多为现金流折现方法（DCF）下的项目价值评估，如净现值（NPV）方法，以确定项目是否具有投资可能。但该方法存在刚性假设，投资者只能在投资初期做出决策，无法根据项目不确定因素对投资策略进行调整，可能致使决策抵消甚至失误。而UGCC－CCS项目投资环境复杂多变，投资收益与资源禀赋、技术发展水平、能源市场以及能源政策等不确定性因素密切相关，在对项目进行投资评估时，应考虑这些不确定因素对投资的影响。

在多种不确定因素的影响下，若没有灵活的投资决策工具，投资者难以有效评估项目投资价值并做出科学决策。与NPV方法相比，采用实物期权方法对于评估不确定因素影响的项目投资更为科学合理。实物期权思想最早是由麻省理工学院的Stewart Myers提出的，他认为管理柔性与金融期权具有相似特质，期权不仅仅只是一种金融衍生工具，还代表了现实选择权，即期权是有价值的。实物期权方法考虑了项目投资过程的不确定因素和管理灵活性等特征，可以动态把握投资决策，从而降低或规避投资风险。周丽敏基于复合实物期权模型，对地下煤气化发电项目的投资价值进行了评估。将结果与净现值算法下的项目投资价值进行了对比，得出了实物期权方法对于评估高风险项目更具优势的结论。但是涉及的地下煤气化发电项目的不确定性因素并不全面，比如，技术进步对投资收益的影响等未被考虑。此外，该研究未评估加装 CCS 系统的 UGCC 项目投资价值。在日趋严格的碳减排约束目标下，CCS 技术对于燃煤电厂的发展起着不可或缺的作用。目前，关于燃煤电厂 CCS 项目的投资决策评估较多，但尚未发现针对 UGCC - CCS 项目投资决策的研究。为此，本研究仅对燃煤电厂 CCS 项目投资决策的研究现状进行梳理。

在当前燃煤电厂 CCS 投资决策研究中，不确定因素的识别越来越受到学者的关注。CCS 项目的不确定来源包括碳价波动、燃料价格变化、技术进步、初始资本投入以及政策变化等。其中，碳价被多数研究视为影响 CCS 项目最为关键的不确定性因素。Wu 等分析了碳排放价格对 CCS 项目投资收益的影响，达成了碳减排交易对 CCS 项目收益有积极促进作用的共识。Zhou 等提出了包含碳价和政策不确定性的投资评估模型，认为这两个因素是影响 CCS 项目投资决策的重要因素。Yang 等将碳价和能源价格视为不确定影响因素，对煤电等电厂进行了投资决策研究。通过碳交易市场，电厂减排后会获得一定数量碳配额，碳配额交易取得的收入可作为 CCS 项目减排成本支出的补偿。未来随着更多行业的加入，碳配额紧俏度随之增加，碳交易价格也会越来越高，对项目投资收益产生的影响将会越发显著。

随着研究的深入，学者将更多不确定性因素纳入投资决策评估模型。除碳价因素外，技术不确定性也是影响投资收益的一个重要因素。Wang 和 Du 认为，随着 CCS 技术日趋成熟，其投资成本和运行维护成本可被有效降低。Abadie 和 Chamorro 也指出，CCS 技术的发展遵循学习曲线模型，即 CCS 投资成本会随着 CCS 装机容量的增加和技术改进而降低。Fuss 等在碳价等影响因素基础上，进一步考虑了技术不确定性对 CCS 投资决策的影响。Zhang 等在综合考虑碳价、年度运行时间以及电厂寿命等因素基础上，引入了学习曲线模型，将 CCS 技术进步对超临界 CCS 燃煤电厂投资改造收益影响纳入考量，并分析了电厂投资临界碳价和投资改造时机。Zou 和 Tian 建立了 IGCC - CCS 电厂的实物期权投资决策模型，除碳价和上网电价因素外，也考虑到技术进步的不确定性影响。技术进步与创新是对已有技术和流程的改进，继而实现技术的全新突破，因此认为是完善技术性能、降低技术成本的有效途径。

除碳价和技术进步影响因素外，政府补贴也是前期推进项目发展的重要支撑。补贴政策的制定可为 CCS 项目提供资金上的援助和支持，抵消其高额资本支出。Chen 等同时考虑了碳市场与发电补贴对 CCS 项目投资决策的共同作用，重点讨论了在碳价、电价以及煤价等多种不确定因素影响下，CCS 项目能否投资以及何时投资的问题。文书洋等研究了成本补贴和运行补贴对 CCS 项目投资收益的影响，讨论了政府如何以尽可能低的成本支出实现最大化收益。朱磊等基于实物期权方法建立了 CCS 投资决策模型，不仅综合考虑了碳价等多种不确定因素，而且在政府补贴和发电补贴两种补贴模式上提高了研发补贴，并对三种补贴方案对电厂的收益效果进行了对比。

尽管应用实物期权方法对煤电厂 CCS 项目投资评估的研究较多，但目前尚未发现考虑了不确定因素的 UGCC - CCS 项目投资决策研究，无法判断其商业投资价值。因此，应在已有 CCS 项目研究基础上，将技术、市场以及政策等因素作为 UGCC - CCS 项目的投资风险因素，基于实物期权理论对 UGCC - CCS 项目投资收益以及最佳投资时机进行详细评估，从而填补该领域研究空白，为 UGCC - CCS 项目投资提供决策参考。

基于 CiteSpace 软件，从发文时空分布、研究机构与作者、学科分布、共被引文献以及研究热点和前沿等方面对 UCG 技术相关文献进行分析，同时对 UGCC 关于能效、环境和经济方面的文献进行重点梳理和归纳，可以发现以下内容。

（1）从时空分布来看，UCG 研究的发展可分为三个阶段：潜伏奠基期（2000—2007 年）、稳定上升期（2008—2014 年）和爆发增长期（2015—2021 年）。目前，UCG 研究正处于快速增长阶段，未来仍会继续增长。在 UCG 发展过程中，UCG 建模、合成气制氢、与碳捕集技术结合、反应机理以及污染物排放影响始终是领域内研究热点，这说明 UCG 技术性能仍是目前亟待解决的主要问题。在今后的研究中，可能将聚焦在 UCG 反应行为、热解反应、空腔形成规律等相关问题上，同时关注 UCG 反应对周围环境产生的不利影响。

（2）通过对 UGCC 技术在能效、环境和经济三个方面文献的梳理，发现已有研究仍存在以下缺陷：关于 UGCC 能源效率及节能减排的研究，大部分只考虑了能量数量，忽略了能量贬值，同时缺乏从生命周期角度的全面考虑。环境影响评估主要针对温室气体排放，无法全面代表 UGCC 电厂环境性能，且多数研究也只侧重于电厂生命周期的部分阶段。在成本研究方面，主要关注电厂生命周期内部成本，未将环境影响带来的外部成本纳入考量，从而低估电厂发电成本，导致生命周期成本评估结果不够全面。

（3）实物期权方法下的燃煤电厂 CCS 项目投资评价研究多聚焦于各种不确定因素对投资决策的影响，包括碳价波动、技术进步、补贴政策以及其他副产品的价格波动等。研究范围也涉及多种类型煤电厂，如传统 PC 电厂、IGCC 电厂等。但缺乏基于实物期权的 UGCC - CCS 项目投资评估研究，该项目在受到多种不确定因素影响时的投资决策问题值得深入研究。

1.3 研究目的和意义

1.3.1 研究目的

能源是人类赖以生存与发展的基础保障，也是现代工业蓬勃发展的重要源泉。能源资源的开发利用不仅推动了经济社会的快速发展，也加剧了生态环境的恶化。如今的能源安全问题理应置身于环境保护和经济发展之中才能有效解决。因此，本研究基于生命周期理论，分别从“能源—环境—经济”三个维度出发，在科学的研究框架内建立相应的评估模型，分析了部署 CCS 以及未部署 CCS 两种情况下的 UGCC 项目在能源、环境和经济方面的效益，并与相应的 IGCC 项目结果进行对比，明确 UGCC 项目的优势与不足，识别主要影响因素，为后期进一步改进提供指导。为评估 UGCC - CCS项目投资的可行性，本研究构建了多重不确定因素影响下的项目投资决策模型，量化了项目投资收益并明确了投资临界条件以及最佳投资时机，从而为 UGCC - CCS 项目未来商业化发展提供科学的决策依据，同时为电力行业应对气候变化提供切实可行的参考方案。具体来看，本书的研究目的如下：

（1）基于能源效率视角，评估 UGCC - CCS 电厂㶲效率。结合扩展的㶲分析框架，从资源利用和环境角度出发，定义了影响 UGCC - CCS 电厂综合持续性能的两个指标，对其进行量化后，将结果与 IGCC 电厂进行了对比。同时，对电厂㶲效率和㶲损系数进行了评估，通过优化关键单元技术参数，提高㶲效率，以便进一步改善电厂综合持续性能，可为提高 UGCC 电厂能量转化效率提供有价值的参考。

（2）基于环境保护视角，评估 UGCC - CCS 电厂环境影响。构建 UGCC - CCS 电厂环境影响评估模型，对电厂进行全面的环境影响评价，明确了其在生命周期过程中的环境问题，将结果与 IGCC 电厂进行比较，识别造成环境影响的潜在因素并分析原因，可为改善 UGCC 电厂环境效益提供借鉴和参考。

（3）基于经济可行视角，评估 UGCC - CCS 电厂生命周期成本。建立 UGCC - CCS 电厂生命周期成本模型，分别核算电厂燃料成本、内部成本和外部成本。甄别出影响电厂生命周期成本的关键因素，将结果与 IGCC 电厂进行了对比，提出有针对性的建议，为降低 UGCC 项目成本提供方向性的指导和借鉴。

（4）基于投资决策视角，评估 UGCC - CCS 电厂投资收益。根据实物期权理论，建立 UGCC - CCS 电厂投资决策评估模型，考虑了市场环境、技术进步以及政策等不确定因素对电厂投资收益的影响，明确了电厂投资临界条件以及最佳投资时机，最后对电厂未来发展提出了针对性的建议，从而为我国未来 UGCC - CCS 项目的大规模部署提供科学的决策参考。

1.3.2 研究意义

作为新兴的煤炭清洁发电技术，UGCC - CCS 是满足我国愈加严格的环境制约要求、推动能源和经济可持续发展的重大战略选择。UGCC - CCS 项目在全流程过程中的能源、环境和经济效益能否均衡协调发展以及项目投资是否具有优势成了现阶段关注的重点。本研究从生命周期角度出发，对 UGCC - CCS 项目能源、环境和经济效益进行了系统且深入的评价，并对其投资收益进行了科学量化分析，具有重要的理论和实践意义。

（1）从理论角度来讲，首先，本研究将生命周期思维贯穿到 UGCC - CCS 电厂全流程，分别构建了电厂在能效、环境和经济方面的评估模型，量化了电厂三个维度综合效益。不仅增加了生命周期理论在微观层面上的适用性，还进一步拓展了该理论的应用范围。其次，建立了电厂商业化应用的投资决策评估模型，明确了电厂投资收益及投资时机。模型结果可为技术人员以及利益相关者提供有价值的数据支持并为电力部门技术选择提供指导。最后，本研究模型也适用于其他领域低碳技术综合效益评估及决策研究。

（2）就实践层面而言，首先，本研究可为电力行业绿色低碳转型提供新思路。随着中国经济不断增长，能源消耗增长导致了较为严峻的环保问题，尤其是气候变暖对环境的影响，已是全球性环境危机。UGCC－CCS的发展可为电力部门开辟一条高效、低碳以及经济可行的化石能源发电新路径。其次，对不确定因素影响下的UGCC－CCS项目未来投资收益进行详细评估，不仅为深部煤炭资源的开采和高效利用提供指导，还可加快UGCC－CCS项目的商业化推广进程。与此同时，也对提高UGCC－CCS项目投资管控能力、展示项目建设理念具有重要意义。

1.4 研究内容、方法和技术路线

1.4.1 研究内容

本研究从生命周期角度出发，对UGCC项目开展了四个具体工作，分别是“生命周期㶲评价、生命周期环境影响评价、生命周期成本评价以及UGCC－CCS项目投资决策评估”。根据研究内容，本书共分为6章，具体结构安排如下：

第1章：绪论。本章从能源安全和气候变化角度出发，提出了改变传统煤炭开采方式以及对CCS技术的迫切需求，同时阐释了UGCC－CCS项目对于应对能源安全和气候变化的重要意义，最后指明该项目在未来商业化发展时可能面临的多重挑战。基于上述背景，本章还明确了研究的目的和意义，并进一步说明了研究的主要方法和技术路线。此外，本章基于文献计量对UCG研究发展特征及变化趋势进行了分析，探究出不同国家、机构合作关系以及学科间的互相影响，并进一步挖掘了该研究领域的研究热点和前沿，确定了未来该领域进一步研究重点。同时，重点针对UCG合成气在电力部门的应用，即UGCC－CCS项目相关文献进行了梳理和评述。提炼了UGCC项目在能效、环境和经济方面以及未来投资决策时可能面临的挑战和需要解决的关键问题，明确下一步研究方向。

第2章：UGCC－CCS项目生命周期㶲评价。本章在确定了研究目标和系统边界的基础上，将㶲理论与生命周期思想结合，通过 Aspen Plus 软件建立了 UGCC 项目生命周期㶲模型。根据获得的生命周期投入产出清单，利用累积㶲和减排㶲理论量化了项目生命周期资源消耗程度及污染物排放对环境的影响程度，以此为基础，进而利用本章定义的两个综合评估指标，即资源利用率和环境可持续指数对项目综合持续性能进行了评价。此外，为进一步提高其综合持续性能，采用传统㶲分析方法，评估了整个系统及各子系统的㶲效率及㶲损系数，甄别出系统㶲损较大单元，通过对这些单元进行优化，提高了系统㶲效率以及资源利用率并降低了环境影响。

第 3 章：UGCC - CCS 项目生命周期环境影响评价。本章在界定的研究目标和系统边界内，基于设定的假设条件及多渠道获取的相关参数，借助综合环境控制模型（IECM），构建了 UGCC 项目生命周期投入产出清单。在此基础上，利用 GaBi 软件建立了项目生命周期环境影响评估模型，量化了 10 种不同类型生命周期中点环境影响以及生态系统损害、人类健康损害和自然资源消耗三种末端环境影响，识别了造成环境影响的重要因素，并强调可改进之处。

第 4 章：UGCC - CCS 项目生命周期成本评价。本章构建了到厂燃料成本模型并核算了煤炭及地下气化合成气到厂成本。然后根据已有文献及假设数据，利用 IECM 模型量化了生命周期电厂平准化度电成本，即电厂内部成本，并对内部成本构成进行了详细解析。为了尽可能使 UGCC 项目朝着环境影响较小的方向发展，建立了环境外部成本核算模型，进一步将环境影响货币化处理，与内部电力成本结合并获得生命周期总成本。此外，还对到厂燃料成本、平准化度电成本及生命周期总成本进行了敏感性分析，明确了影响成本的关键参数。

第 5 章：UGCC - CCS 项目投资决策评估。本章依据实物期权理论以及三叉树定价模型建立了不确定因素影响下 UGCC - CCS 项目投资决策评估模型，充分考量了碳交易市场、技术进步等因素对项目投资收益的影响。另外，综合电厂运营方式以及电厂选址问题，设置了不同情景，并模拟分析了不同补贴模式对电厂投资收益的影响，也明确了在相同补贴支出水平下最有利的补贴模式。最后给出了电厂投资临界碳价以及最佳投资时机，为推动我国 UGCC - CCS 项目商业化发展提供可行参考。

第 6 章：研究结论与展望。本章对全文重点研究工作、结论及其关键创新点进行了归纳总结，提出了当前研究存在的主要问题与未来可改进的方向，并且展望了有待进一步研究的工作。

1.4.2 研究方法

本研究立足于能源经济学、生态学、环境学和系统工程学等多学科理论，采用文献计量与文献分析、生命周期方法、案例对比分析法、情景分析法、定性与定量结合、理论与实证结合等方法，对 UGCC - CCS 项目能源、环境及经济效益进行了全面评估，并明确了项目投资收益及投资时机。主要研究方法如下：

（1）文献计量与文献分析。UCG 是 UGCC 项目发展的基础，全面了解其发展脉络十分必要。本研究首先采用文献计量方法，对近 20 年地下煤气化领域相关文献进行了梳理，从发文量、国家及机构合作网络、研究热点和前沿等方面对其进行了分析。其次通过查阅 UGCC 项目有关的国内外文献，了解该项目在能源、环境和经济方面的研究缺陷，分析可能创新领域，为后期研究奠定基础。

（2）生命周期方法。生命周期方法是一种可量化和识别产品或服务在整个生命周期过程的能源、资源利用和废气物排放，并对其全方位综合评价的方法。通过 UGCC - CCS 电厂生命周期各阶段投入产出数据，量化了能源、环境和经济三个方面的效益，包括影响效益的关键流程和关键因素，从而为电厂综合性能改进提供依据。

（3）案例对比分析法。案例对比分析法是案例研究与对比分析方法的有机融合，旨在利用对比分析法的优势对两个或多个目标案例进行优劣或成败对比，分析其影响因素，并进一步探索其发展规律。本研究从能源、环境和经济三个方面将 UGCC 电厂综合效益分别与 IGCC 电厂进行对比，得出 UGCC 电厂发展的优势与劣势，深入分析各方面阻碍因素，避免了对单一案例结果归纳的主观性，使研究结果更为严谨。

（4）情景分析法。情景分析法是采用类比、设想或预测等多种方式生成未来有可能产生的情景，并分析各种情景对研究目标形成的影响，可用于能源技术、供求分析以及政策分析等能源经济研究领域。针对 UGCC 电厂，设置了加装和未加装 CCS 装置两种情景，以全面评估和分析 CCS 的部署对电厂在能效、环境以及经济三个方面的综合影响，为电厂部署 CCS 提出科学合理的建议。

（5）定性与定量结合。定性分析了 UGCC - CCS 项目生命周期过程可能产生的能量转化、环境污染以及成本问题，在此基础上，通过构建的模型，对项目三个方面的效益进行了定量评估。提高本研究的科学严谨度，最后从定性角度对所得结果进行总结归纳，展示本研究观点。

（6）理论和实证结合。通过实证分析可加强对已有理论的应用及验证。生命周期思维和实物期权是理论基础，以 UGCC - CCS 项目为实证分析案例，从微观和宏观角度对该项目综合效益以及投资收益进行了详细评估和分析。

1.4.3 技术路线

为解决上述关键问题，本研究对 UGCC - CCS 项目及各生产链进行生命周期综合评价，并基于实物期权理论对项目进行投资决策分析，旨在为 UGCC - CCS 系统优化以及项目商业化推广提供理论依据。首先，本研究根据 UGCC - CCS 技术性能，构建了生命周期㶲评价模型，对系统的能效及综合持续性能进行了详细评估；其次，根据项目关键技术性能参数，构建了生命周期环境影响评价模型，明确了其在环境方面的优势与劣势；再次，建立了生命周期成本模型，根据获取的环境排放量，得到了环境外部成本，并结合内部成本得到了电厂生命周期总成本，明确了项目成本竞争力；最后，为了促进电厂能尽早商业化推广，对其投资可行性进行了评估，明确了投资临界条件和最佳投资时机。本书技术路线如图 1.9 所示。

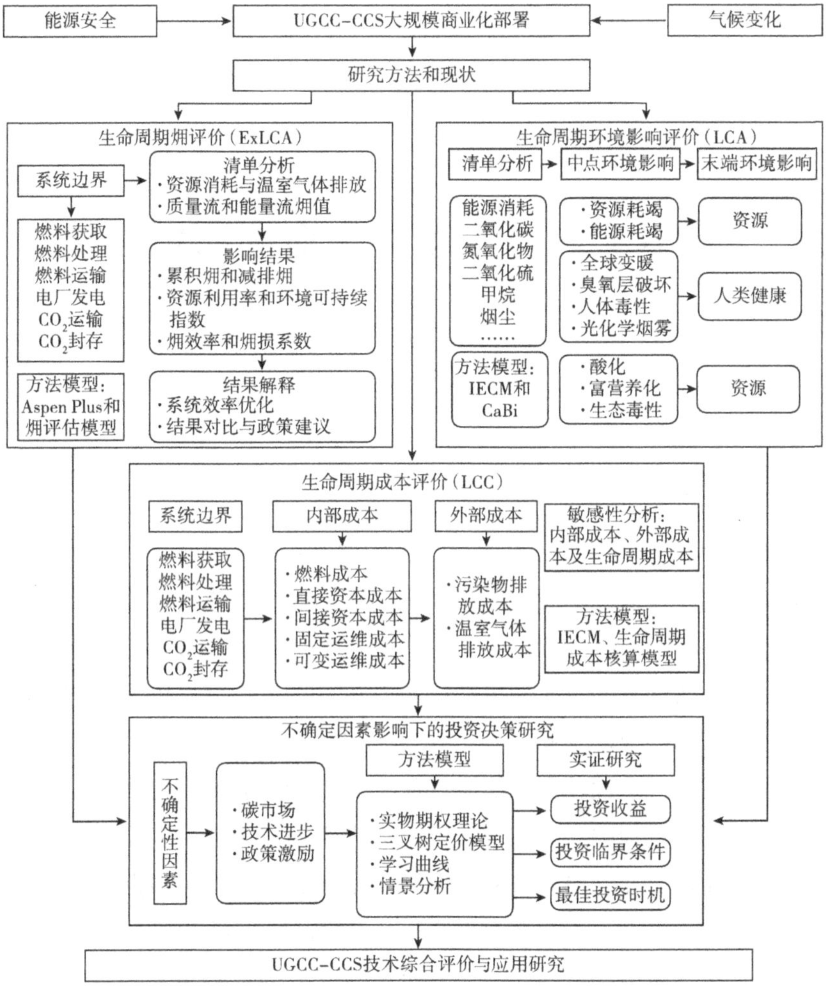

能源安全
UGCC-CCS大规模商业化部署
气候变化
研究方法和现状
生命周期㶲评价（ExLCA）
系统边界
清单分析
·资源消耗与温室气体排放
·质量流和能量流㶲值
燃料获取
燃料处理
燃料运输
电厂发电
CO_2运输
CO_2封存
影响结果
·累积㶲和减排㶲
·资源利用率和环境可持续指数
·㶲效率和㶲损系数
方法模型：
Aspen Plus和㶲评估模型
结果解释
·系统效率优化
·结果对比与政策建议
生命周期环境影响评价（LCA）
清单分析
中点环境影响
末端环境影响
能源消耗
二氧化碳
氮氧化物
二氧化硫
甲烷
烟尘
……
·资源耗竭
·能源耗竭
资源
·全球变暖
·臭氧层破坏
·人体毒性
·光化学烟雾
人类健康
方法模型：
IECM和
CaBi
·酸化
·富营养化
·生态毒性
资源
生命周期成本评价（LCC）
系统边界
内部成本
外部成本
敏感性分析：
内部成本、外部成本及生命周期成本
燃料获取
燃料处理
燃料运输
电厂发电
CO_2运输
CO_2封存
·燃料成本
·直接资本成本
·间接资本成本
·固定运维成本
·可变运维成本
·污染物排放成本
·温室气体排放成本
方法模型：
IECM、生命周期成本核算模型
不确定因素影响下的投资决策研究
方法模型
实证研究
不确定性因素
·碳市场
·技术进步
·政策激励
·实物期权理论
·三叉树定价模型
·学习曲线
·情景分析
投资收益
投资临界条件
最佳投资时机
UGCC-CCS技术综合评价与应用研究

图 1.9　本书技术路线

2 UGCC - CCS 项目生命周期㶲评价

2.1 引言

能源加工和利用是造成 GHG 大量排放的主要原因。目前，全球能源相关碳排放约占全部 GHG 排放的 80%，其中碳排放的 1/3 来源于电力部门，预计到 2040 年占比将达 40% 左右。因此，电力部门低碳转型对于推动双碳目标的实现意义重大。风能、光能等可再生能源发电成为增量电力供应的主要来源，但受气候、光照等人为不可控的自然条件影响，可再生能源供给能力不确定性较大，能源供应和调节能力有限。电力部门在持续优化电力结构的过程中，应结合我国以煤为主的能源资源禀赋特征，将煤炭作为基础能源，使其对经济社会发展起兜底保障作用。根据 IEA 报告结果，如果要实现把全球温升控制在 2℃ 以内的目标，到 2050 年前节能增效对全球碳减排的贡献率可达 37%。因此，寻求高效的煤炭清洁发电技术对于电力部门低碳转型尤为重要。

UGCC 技术是将 UCG 与 IGCC 发电技术有机结合，既可提高煤炭资源回采率、降低环境污染，同时又有效缩短了传统煤电产业链，提高了热电转化效率。然而位于 UGCC 上游环节的 UCG 过程较为复杂且不易控制，产生的合成气组分和质量波动较大，用于发电可能会使电厂整体能量转化效率存在较大不确定性，引起资源、能源消耗过多或环境排放严重等问题。已有研究表明，系统资源生产率高于其消耗速度且排放不得危及生态环境是确保技术可持续发展的两个边界条件。为使 UGCC 技术可持续发展，应确保其尽可能高效，以便最大限度减少资源投入和污染物排放。

目前，UGCC 仍处于工程试验阶段，现有研究主要关注技术层面的改进，尚不能对 UGCC 整个系统用能情况及节能潜力做出科学合理预判，也未从资源和环境角度出发，评估技术综合持续性能。此外，仅考虑单一过程或装置的节能改造难以达到对整个系统进行优化的目的。㶲生命周期评价（Exergetic Life Cycle Assessment，ExLCA）理论由 Cornelissen 于 1997 年提出，它将系统能量分析与生命周期评价有机结合，以热力学㶲作为衡量资源消耗和环境影响的有效指标，并将㶲分析范围扩大到能源系统的整个生命周期过程。本章基于该理论对系统资源利用、污染物排放以及能量转化情况进行定量评估，识别不科学的用能环节，以便进一步改进和优化。本章试图解决以下问题：①从资源利用和环境保护角度出发，UGCC/UGCC - CCS 电厂综合持续性能及㶲效率如何，与 IGCC/IGCC - CCS 电厂相比是否有优势；②系统中哪些单元对 UGCC - CCS 电厂㶲效率影响较大；③如何对关键单元进行优化，以提高系统㶲效率及综合持续性能。本章不仅可为评估和改善能源系统的综合持续性提供新的视角，还有助于专业技术人员识别效率改进关键环节。

2.2 方法模型与数据处理

扩展的㶲生命周期分析可看作对系统整个生命周期的㶲分析，框架与遵循 ISO 标准的 LCA 框架（见第 4.2 节）相似，也分为四个阶段，如图 2.1 所示。各阶段详细描述如下：

（1）扩展的 ExLCA 第一阶段与传统 LCA 是相同的，包括了研究目标和系统边界。

（2）第二阶段的清单分析比传统 LCA 更为详细。根据定义的系统边界，需要获取系统整个生命周期的能源、资源消耗及污染物排放。并选取物理参数㶲，作为衡量能耗和环境影响的统一标准。

（3）第三阶段的影响评估与 LCA 差异较大。该阶段增加了累积㶲和减排㶲指标，在此基础上定义了资源利用率和环境可持续指数，从资源利用和 GHG 排放两个方面评估电厂综合持续性。最后通过传统㶲分析，进一步对其进行优化和改进。

（4）第四阶段的结果解释部分是根据第三阶段的分析，提出相关结论和建议，供决策者参考。

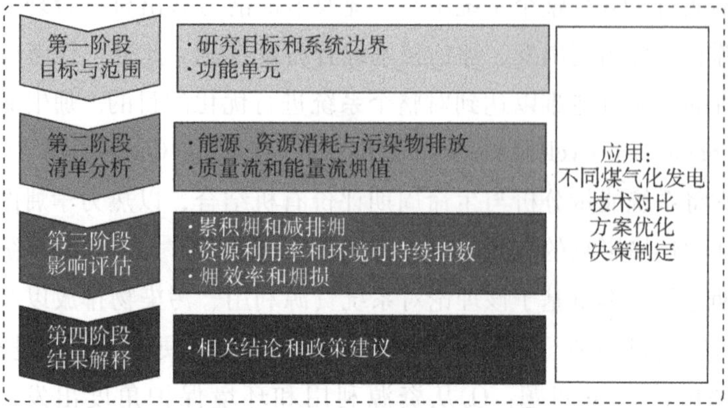

图 2.1　扩展㶲生命周期框架

2.2.1　目标和范围界定

2.2.1.1　研究目标

本章主要关注 UGCC 电厂的㶲效率、资源利用率和环境可持续性，最终将结果与 IGCC 电厂进行对比，以判断 UGCC 电厂在能效方面是否更具优势。与此同时，为了更好地理解 CCS 在煤电厂可能发挥的作用以及对电厂能效的影响，考虑了电厂加装 CCS 的情景。因此，本章主要涉及四种情景，分别是 UGCC、IGCC、UGCC – CCS 和 IGCC – CCS 电厂。

2.2.1.2　系统边界和功能单元

本章系统边界包括了电厂发电所有相关单元。鉴于加装和未加装 CCS 电厂的系统边界高度相似，本章仅选取 UGCC – CCS 和 IGCC – CCS 作为代表，展示其系统边界。如图 2.2 和图 2.3 所示，系统边界被分为三个阶段：①上游阶段（S1），该阶段包括获取燃料的所有过程。UGCC 和 IGCC 的到厂燃料类型不同，分别为合成气和煤，因此上游阶段的流程也存在差异。对于 UGCC 电厂而言，上游阶段包括气化剂制备（S1 – 1）和地下气化炉构建（S1 – 2）。而对 IGCC 电厂而言，上游阶段则包括煤炭开采与洗选（S1 – 1）和煤炭运输（S1 – 2）。②电力生产阶段（S2），包括电厂发电和 CO_2捕集。③下游阶段（S3），包括 CO_2运输和封存。

为了确保电厂各阶段结果具有可比性，制定统一的功能单元十分必

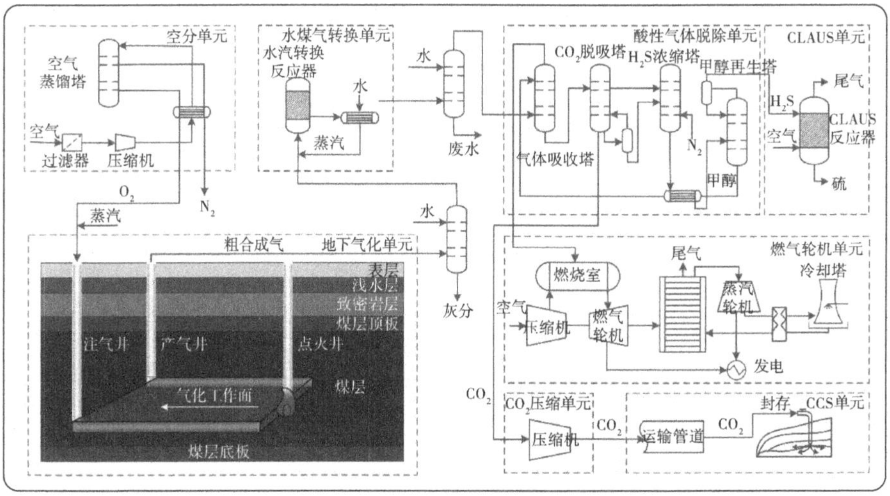

图 2.2　UGCC－CCS 系统边界

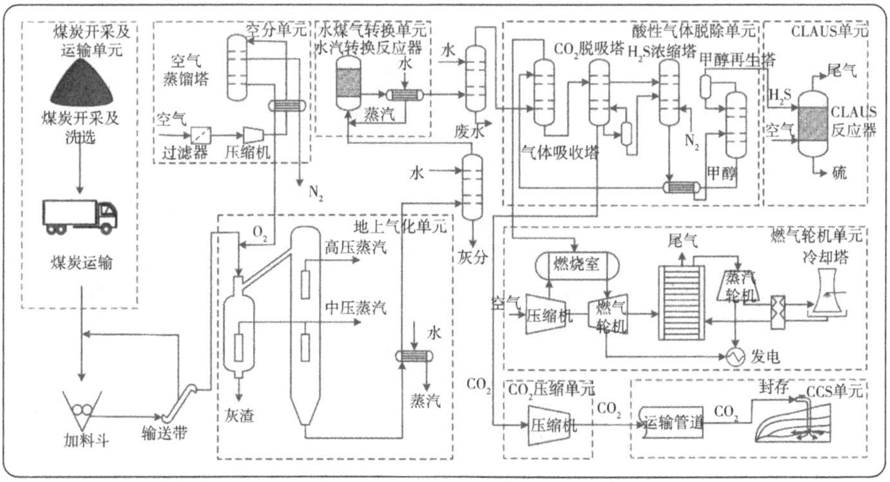

图 2.3　IGCC－CCS 系统边界

要，功能单元应与研究目标和范围保持一致。本章中，仍将电厂生产 1MWh 电力作为统一的功能单元。

2.2.2　工艺流程与系统建模

对 UGCC 以及 IGCC 电厂进行㶲效率和综合持续性能评估的关键是电厂各阶段能源、资源投入和产出数据，但获取难度较大。为了弥补这一缺陷，本章利用 Aspen Plus 建立了加装和未加装 CCS 的 UGCC 电厂和 IGCC 电厂模型。图 2.2 和图 2.3 也包含了两类电厂发电的基本流程。

表 2.1　煤质分析

组成	烟煤	组成	烟煤
元素分析/%		工业分析/%	
碳（C_d）	69.94	固定碳（FC_{ar}）	53.19
氢（H_d）	4.69	挥发分（V_{ar}）	28.29
氧（O_d）	19.38	灰分（V_{ar}）	4.24
氮（N_d）	0.79	水分（M_{ar}）	14.28
硫（S_d）	0.25		
灰（A_d）	4.95		
低热值（MJ/kg）	28.18		

此外，两类电厂发电的过程单元类似，均包括空分单元、煤气化单元、水煤气转换单元、酸性气体脱除单元、CLAUS 单元、燃气和蒸汽轮机单元、CO_2压缩单元、CO_2运输和封存单元。需要说明的是，CO_2捕集的能耗主要包括甲醇循环利用的能耗和 CO_2压缩能耗。燃料选取了内蒙古烟煤，表 2.1 列出了煤的组分。电厂详细发电流程如下：煤与空分单元提供的氧气充分反应后，生成合成气并输送至水煤气转换单元，合成气中的 CO 被转换为 H_2。这一过程采用动力学方法模拟，CO 转化率达 90% 以上。此外，利用简化的换热网络模型，模拟了利用水煤气转换单元余热来生产中压和低压蒸汽的过程。合成气被进一步送往酸性气体脱除单元以除去酸性气体 H_2S 和 CO_2。研究采用甲醇作为酸性气体吸收剂，运行压力为 3.3MPa。甲醇被使用后可被运往再生塔进行处理以供循环利用，经酸性气体脱除单元净化后的合成气被输送至燃气轮机单元发电，分离出的 H_2S 和 CO_2则分别被送至 CLAUS 单元制硫和 CO_2压缩单元加压，最后被运往封存场地。UGCC 电厂和 IGCC 电厂建模参数见表 2.2。

表 2.2 UGCC 和 IGCC 电厂建模参数

建模参数	数据
空分单元	
O_2 浓度（%）	95
O_2 和 N_2 输送压力（MPa）	4
电力消耗（kWh/tO_2）	402.78
煤气化单元	
氧煤比（kg/kg）	0.63
水煤比（kg/kg）	0.10
气化压力（MPa）	4
气化温度（℃）	1400
水煤气转换单元	
反应器压力（MPa）	3.47
H_2O 和 CO 摩尔比	2
进口温度（℃）	280
出口温度（℃）	386
酸性气体脱除单元	
吸收塔压力（MPa）	3.2
H_2S 去除率（%）	>99.99
CO_2 去除率（%）	99.2
CLAUS 燃烧器温度（℃）	1100
CLAUS 燃烧器温度（MPa）	0.06
燃气轮机	
净输出功率（MW）	370
燃气轮机压力比	30
燃气轮机进口温度（℃）	1327
燃气轮机出口温度（℃）	690
余热锅炉	
泵效率	0.92
蒸汽轮机	
净输出功率（MW）	170
高压/中压/低压值（MPa）	12/3.5/0.3
高压/中压/低压燃气轮机等熵效率（%）	90/87/85
进口高压/中压蒸汽温度（℃）	564/322
碳捕集单元	
CO_2 捕集率（%）	80

在 UGCC 电厂中，我们采用了可控后退注入点气化工艺（CRIP）。该工艺首先通过点火系统点燃煤层，当被点燃煤层燃尽后，通过地面上方连续油管撤回点火系统，这样就形成了新的气化区域，直至煤层完全气化，可实现对地下气化燃烧反应的有序控制，是现阶段普遍采用的工艺。与此不同的是，IGCC 电厂选取了常用的壳牌气化炉。由于气化炉的合理设计和运行是项目成功的关键，气化单元模拟的准确性将对结果产生很大影响。为了验证模型的可靠性，我们将 UCG 和 SCG 模拟结果分别与现场试验数据和文献数据进行对比，结果如表 2.3 所示，合成气组分偏差较小，在 0.1% ~5%。

表 2.3　UCG 和 SCG 建模结果验证

合成气组分	UCG（mol%）		SCG（mol%）	
	模拟结果	试验结果	模拟结果	文献结果
CO	9.93	8.83	55.83	54.85
H_2	15.59	18.21	35.11	31.21
CO_2	33.19	31.77	2.50	4.25
N_2	0.79	0.27	0.59	0.73
H_2O	29.76	30.00	5.18	7.90

基于假设条件和选取的参数，在能量守恒和质量守恒的原则下，结合 Aspen 模型结果，得到四种情景发电阶段的质量和能量平衡数据，见表 2.4 和表 2.5。表中的损失主要为机械损失和热损失，废水主要来自合成气净化、冷凝水和甲醇再生。废气包括脱硫装置排放的废气和燃烧室排放的尾气。

表 2.4　UGCC 电厂质量和能量守恒表

投入	单位	数值		产出	单位	数值	
		UGCC	UGCC - CCS			UGCC	UGCC - CCS
煤	t/h	237.70	254.80	电力	MWh/h	540	540
空气	t/h	2002.31	2126.69	捕集的 CO_2	t/h	0	409.61
锅炉给水	t/h	351.03	367.99	烟气	t/h	1605.56	1429.89
冷却水	t/h	0	346.19	硫	t/h	0.44	0.26
甲醇	t/h	640.20	1114.41	灰分及损失	t/h	20.18	21.65
蒸汽	t/h	0	350.22	冷凝物	t/h	41.50	200.91

续表

投入	单位	数值		产出	单位	数值	
		UGCC	UGCC－CCS			UGCC	UGCC－CCS
				废水	t/h	128.77	512.42
				再生甲醇	t/h	640.93	1105.11
				废氮	t/h	25.23	10.67
				废气蒸汽	t/h	322.51	337.41
				氮	t/h	446.13	186.18
				循环冷却水	t/h	0	346.19

表 2.5 IGCC 电厂质量和能量守恒表

投入	单位	数值		产出	单位	数值	
		IGCC	IGCC－CCS			IGCC	IGCC－CCS
煤	t/h	204.17	218.20	电力	MWh/h	540	540
空气	t/h	1743.74	1851.16	捕集的 CO_2	t/h	0	356.33
锅炉给水	t/h	297.50	317.95	烟气	t/h	1593.85	1428.53
冷却水	t/h	0.00	346.19	硫	t/h	0.39	0.23
甲醇	t/h	542.15	1049.70	灰分及损失	t/h	10.62	11.35
蒸汽	t/h	0	354.43	冷凝物	t/h	15.47	188.55
				废气	t/h	73.73	448.89
				再生甲醇	t/h	542.84	1036.50
				废氮	t/h	15.78	16.86
				废气蒸汽	t/h	273.00	291.76
				氮	t/h	261.89	12.43
				循环冷却水	t/h	0	346.19

2.2.3 生命周期清单分析

生命周期清单数据收集是本研究最为关键的一项任务，清单包括电厂在其整个生命周期内的投入（如材料、能源、资源等）和输出（对空气、水和土壤的排放）等一系列数据，其准确性直接影响最终的评估结果，需要谨慎处理。本章主要聚焦于 GHG 排放引起的环境影响，与过程能源消耗和 GHG 排放相关的清单数据来源于建模结果和已有文献，下面详细介绍每一阶段的数据来源。

2.2.3.1 煤炭开采和洗选（IGCC－S1－1）

参考《中国能源统计年鉴 2018》，可知生产 1MJ 煤炭需要消耗 0.0472MJ 原煤、0.0007MJ 天然气、0.0007MJ 柴油以及 0.0029MJ 电力。基于上述生产 1MJ 煤炭的过程能源消耗量以及总产煤量，可获得该阶段电厂过程能源消耗量。需要说明的是，煤炭开采和洗选过程的煤损占比达 18%，这部分煤炭资源也被计算在内。两电厂各阶段过程能耗结果如表 2.6 所示。该阶段 GHG 排放是根据煤炭总产量及表 2.9 所示的煤炭在开采和洗选过程的 GHG 间接排放系数计算而得。

表 2.6 UGCC 和 IGCC 电厂各阶段过程能源消耗

电厂	各阶段过程能源消耗（MJ/540MWh）						
	煤	天然气	柴油	电	锅炉油	蒸汽	汽油
UGCC							
地下气化炉构建	—	—	3308	—	—	—	—
电力生产	6698466			428684		270308	
UGCC－CCS							
地下气化炉构建	—	—	3308	—	—	—	—
电力生产	7179728	—	—	587859	—	1317844	—
CO_2 运输和封存	—	—	—	13360	—	—	—
IGCC							
煤炭开采和洗选	271507	4114	4114	16455			
煤炭运输	—	—	17596	10171	8521	—	2430
电力生产	5753116	—	—	337811	—	316604	—
IGCC－CCS							
煤炭开采和洗选	290179	4396	4396	17584			
煤炭运输	—	—	18806	10869	9105		2597
电力生产	6148768	—	—	484841	—	1400978	—
CO_2 运输和封存	—	—	—	11356	—	—	—

2.2.3.2 煤炭运输（IGCC－S1－2）

假设 UGCC 电厂建在 UCG 场地附近，产生合成气可直接输送至电厂，避免了长距离的燃料运输，因此运输阶段仅考虑煤炭运输。一般来说，煤炭运输采用铁路、水路和公路相结合的方式。根据相关报道，铁路平均运输距离为659km，水路平均运输距离为1410km，公路为310km。表2.7提供了能源消耗强度、每种运输方式占比及运输中使用的过程能耗数据，可用于计算运输阶段的所有能耗。此外，这一阶段GHG排放包括直接排放和间接排放两部分。其中，直接排放源于运输中的过程能源使用，间接排放则由过程能源的生产引起。该阶段总GHG排放量可根据表2.6所示的各阶段过程能耗数据和表2.7中对应的排放系数计算得出。

表2.7 不同煤炭运输模式相关数据

运输模式	平均运输距离（km）	占比（%）	能耗强度［kJ/（t×km）］			
			柴油	汽油	电	锅炉油
铁路	659	70	132	—	108	—
水路	1410	20		—	—	148
公路	310	10	816	384	—	—

2.2.3.3 地下气化炉构建（UGCC－S1－2）

获取UCG合成气的前提是完成地下气化炉的构建，而地下气化炉可看作由多个UCG模块组成，每个UCG模块均包括注气井、产气井以及连接二者的气化通道三部分。假设开采煤层深度为800m，煤层压力为4MPa，电厂运行年限为30年，容量因子为80%。根据已有文献可知，单个UCG模块产煤能力为230t/d，结合UGCC电厂煤炭总需求量，可计算出需要34个UCG模块。柴油被用来作为钻井的动力能源，柴油总消耗量可根据UCG模块数量，利用已有文献计算方法计算而得。

2.2.3.4 电力生产（UGCC－S2 & IGCC－S2）

在电力生产阶段，能源消耗来源于两部分：生产电力所需过程能源消耗及CO_2捕集过程能耗。该阶段所有过程能耗数据均来自Aspen Plus建模结果（见表2.6）。为了实现既定目标，即生产540MWh电力，UGCC和IGCC电厂的煤炭需求量分别为237.7t/h和204.2t/h，两电厂加装CCS后，煤炭需求量分别为254.7t/h和218.2t/h。该阶段GHG排放与上述过程类似，也包括直接排放和间接排放。直接排放主要来自尾气，尾气中含有大量的CO_2，几乎不包含CH_4和N_2O。在UGCC和IGCC电厂中，CO_2直接排放量分别为512.5t/h和442.6t/h，加装CCS后，两电厂CO_2排放量分别为117.7t/h和107.1t/h。

2.2.3.5 CO_2运输与封存（UGCC－S3 & IGCC－S3）

该阶段的能源消耗主要是电力消耗，来源于两方面：一方面，捕集和压缩的CO_2通过管道被运往封存场地，假定运输距离为200km。由于CO_2在管道运输时压力下降，出于安全考虑，设立了两个加压站，加压站的压缩机耗电量为0.00864MJ/kgCO_2。另一方面，为了达到所需封存压力，在将CO_2注入封存地之前，需重新加压至15MPa。此过程中每压缩1kgCO_2耗电0.0252MJ。该阶段的所有耗电量结果见表2.6。

2.2.4 扩展的㶲生命周期影响评估

传统㶲分析仅对系统效率进行分析并识别改进潜力，并未量化资源、能源消耗以及GHG排放情况。因此，这里在传统㶲分析基础上进行了扩展，增加了累积㶲和减排㶲指标。

2.2.4.1 综合持续性能评估指标

可持续的能源转换系统需要充足的能源和资源，同时尽量减少对环境的影响。参考Dewulf等的研究，我们定义了两个评估指标作为评估UGCC和IGCC电厂综合持续性能的工具，分别是资源利用率（γ）和环境可持续指数（ε）。

（1）资源利用率。

累积㶲是指从原材料获取、运输、加工到获得产品或能源的全过程累积资源消耗的㶲值，代表了系统的资源及能源消耗量。它不仅可以量化可再生资源，还可以量化不可再生资源。累积㶲计算方法见式（2.1），其中，过程能源的累积㶲值见表2.8。

$$CExC = \sum_{s=1}^{3}\sum_{k=1}^{7} EC_{s,k} \times CExC_k \tag{2.1}$$

式中，s代表煤气化电厂生命周期各子阶段，k代表电厂在整个生命周期过程中消耗的过程能源种类，$EC_{s,k}$代表电厂在s阶段过程能源k的总消耗量，$CExC_k$代表生产每单位过程能源k的累积㶲消耗。

表2.8 过程能源的㶲值和累积㶲值

过程能源	㶲值	累积㶲值
煤（MJ/kg）	23.57	31.10

续表

过程能源	㶲值	累积㶲值
天然气（MJ/MJ）	1.04	1.07
柴油（MJ/kg）	44.40	53.20
汽油（MJ/kg）	46.08	57.07
锅炉油（MJ/kg）	44.74	55.49
电（MJ/kWh）	3.60	12.37
蒸汽（MJ/kg）	1.51	3.86

为了评估系统能源和资源利用的可持续性，在累积㶲的基础上，本章计算了资源利用率（γ），其是系统产品的总收益㶲与系统消耗的能源及资源累积㶲的比值，见式（2.2）。资源利用率（γ）越高，表明系统资源的转换利用情况越好，资源可持续性越优。

$$\gamma = \frac{Ex_{p,sys}}{CExC} \tag{2.2}$$

（2）环境可持续指数。

减排㶲是指在现有技术条件下，将系统排放的污染物处理到环境友好过程的㶲消耗。换句话说，即为了减少污染物排放所付出的代价。减排㶲可被用来衡量 GHG 排放对环境的影响。计算方法见式（2.3）。

根据政府间气候变化专门委员会（IPCC）第六次评估报告（AR6），GHG 主要包括 CO_2、CH_4和 N_2O。这些温室气体排放进一步又可分为两类：直接排放和间接排放。直接排放主要来自发电过程排放的烟气，而间接排放则来自燃料获取、加工和运输阶段以及过程能源生产阶段的排放。其中，温室气体包括 CO_2、CH_4 和 N_2O，其减排㶲值分别为 5.86 MJ/kg、66.32 MJ/kg 和 268.06 MJ/kg。

$$AbatEx = \sum_{s=1}^{3}\sum_{k=1}^{7}\sum_{m=1}^{3} EC_{s,k} \times (DF_{m,k} + IF_{m,k}) \times AbatEx_m \tag{2.3}$$

式中，m 代表电厂排放的 GHG 种类，包括 CO_2、CH_4和 N_2O，$DF_{m,k}$和 $IF_{m,k}$分别指每消耗单位过程能源 k 产生的第 m 种 GHG 的直接排放和间接排放系数，$AbatEx_m$代表单位质量 GHG m 的减排㶲消耗。需要说明的是，单位过程能源消耗的直接和间接排放系数是根据 GREET 模型数据和中国生命周期数据库计算而得，最终结果列于表 2.9。

表 2.9　过程能源直接和间接 GHG 排放系数

过程能源	DF_{CO_2} (g/MJ)	DF_{CH_4} (g/MJ)	DF_{N_2O} (mg/MJ)	IF_{CO_2} (g/MJ)	IF_{CH_4} (g/MJ)	IF_{N_2O} (mg/MJ)
煤	81.642	0.001	0.001	0.84	0.04	0.018
天然气	55.612	0.001	0.001	5.40	0.13	0.103
柴油	72.585	0.004	0.028	8.38	0.36	0.167
汽油	67.914	0.080	0.002	10.73	0.38	0.194
蒸汽	0.000	0.000	0.000	95.70	0.10	1.220
电	0.000	0.000	0.000	258.47	0.73	3.932
锅炉油	75.819	0.002	0.000	6.75	0.32	0.141

基于累积㶲和减排㶲，我们得到了环境可持续指数（ε），它代表系统所有 GHG 排放的环境影响。本章中 GHG 排放越多，环境可持续指数越小，对环境的危害就越大。计算方法见式（2.4）。

$$\varepsilon = \frac{CExC}{CExC + AbatEx} \tag{2.4}$$

2.2.4.2　㶲效率和㶲损系数

传统㶲分析指标有两个，即㶲效率和㶲损系数。㶲效率是系统产品收益㶲与总投入㶲的比值，代表了系统的整体有用能效率。本研究仅考虑有价值的输出产品，包括副产蒸汽、回收的硫、被捕集的 CO_2 和所产电力，生产过程中的热损失和废弃物被排除在外。

㶲效率可分为一般㶲效率和目的㶲效率两种。一般㶲效率是系统总输出能量与输入能量的比值，见式（2.5）：

$$\eta_{gen} = \frac{Ex_{out}}{Ex_{in}} \tag{2.5}$$

事实上，总是存在一部分能量未能被利用，因此它们不应被视为有价值产品。例如，排放到周围环境中的废气、固体废物和热量。将这些产品排除在外的系统㶲效率被称为目的㶲效率，计算方法见式（2.6）。

$$\eta_{obj} = \frac{Ex_{out} - Ex_{waste}}{Ex_{in}} \tag{2.6}$$

本章采用了更科学合理的目的㶲效率。为更准确地评价 UGCC 和 IGCC 系统的热力学性能，提出了以下假设：

（1）假设所有过程处于稳定状态，基准环境状态为 298.150K

和 101.325kPa。

（2）忽略系统动能和势能变化，所有气体都被视为理想气体。

（3）环境状态的变化被忽略。

㶲效率的计算需要各流股的㶲值，根据流股㶲值和㶲平衡方程，可以得到㶲效率和㶲损失。式（2.7）为系统㶲平衡方程式。

$$\sum Ex_{in} - \sum Ex_{out} = \Delta Ex_{loss} \quad \text{or}$$

$$\sum (1 - \frac{T_0}{T})Q - W + \sum m_{in}\psi_{in} - \sum m_{out}\psi_{out} = \Delta Ex_{loss} \tag{2.7}$$

式中，Ex_{in}和 Ex_{out}分别是系统输入㶲流和输出㶲流，ΔEx_{loss}代表所有能源和资源中未被利用的能量。Q 代表温度 T 下的传热量，W 代表功率。m 和 ψ 指质量流和㶲流。

在每个能量系统中，㶲可分为四种类型：物理㶲、化学㶲、动能㶲和势能㶲。考虑到动能㶲和势能㶲对系统的贡献相当小，可忽略不计。因此，式（2.7）的㶲 ψ 可由两部分组成：物理㶲和化学㶲。物理㶲可由式（2.8）计算得到。

$$Ex_{ph}^{steam} = (H - H_0) - T_0(S - S_0) \tag{2.8}$$

式中，Ex_{ph}^{steam}表示各流股物理㶲，H 和 S 表示给定温度和压力下系统的焓值和熵值。H_0和 S_0表示在环境基准状态下系统的焓值和熵值。值得注意的是，煤在整个系统中的贡献很小，所以煤的物理㶲被忽略了。化学㶲表达式如式（2.9）所示：

$$Ex_{ch}^{steam} = \sum y_i Ex_{ch,i} + RT_0 \sum y_i \ln y_i \tag{2.9}$$

式中，Ex_{ch}^{steam}表示各流股化学㶲，$Ex_{ch,i}$是第 i 股输入流的化学㶲，y_i是第 i 股的摩尔分数，R 为气体常量（8.314kJ/kmol/K）。

尽管㶲效率指标可以有效评价能源系统的热力学完善度，也可以定量说明能量利用的效果和合理程度，但是它无法客观反映各子单元对整个工艺完善度的影响。依据热力学第二定律，能源系统在能量转换过程中，为了达到与周围环境完全平衡的状态，会引起能量质量损失，这一损失可被称为㶲损。为了揭示两类电厂不同子单元的㶲损对系统的影响程度，我们引入了㶲分析的另一个指标——㶲损系数 δ。基于质量和能量守恒原则，系统及子单元的㶲损由进入系统或子单元的㶲流减去输出的㶲流计算而得。

㶲损系数的表达如式（2.10）所示。

$$\delta = \frac{Ex_{in,n} - Ex_{out,n}}{Ex_{in,sys} - Ex_{out,sys}} \tag{2.10}$$

式中，n 表示电厂生命周期过程的子单元，$Ex_{in,n}$ 和 $Ex_{out,n}$ 分别表示子单元 n 的输入㶲流和输出㶲流。同样地，$Ex_{in,sys}$ 和 $Ex_{out,sys}$ 分别表示整个能源转换系统的输入㶲流和输出㶲流。

2.3 结果分析

2.3.1 生命周期综合持续性评估

扩展㶲分析可计算出电厂所有过程中能源和资源的累积㶲消耗，并定量评估电厂在整个生命周期内 GHG 排放导致的环境问题。本章电厂装机容量为 540MW，由式（2.1）和式（2.2）得到四种情景的累积㶲和资源利用率，结果如图 2.4 所示。

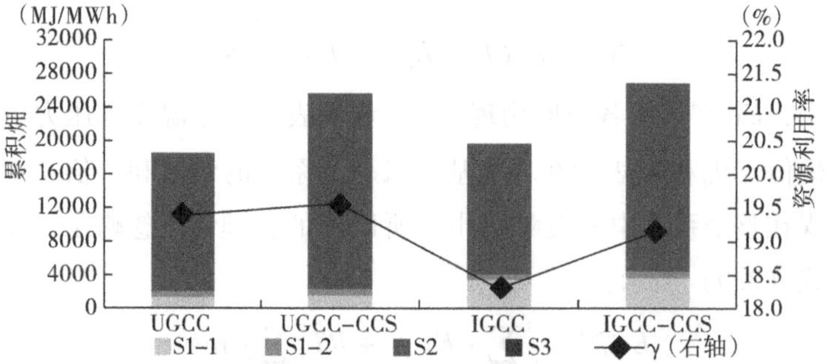

图 2.4　四种情景各子阶段累积㶲和资源利用率

资源利用率是电厂产品收益㶲与总累积㶲的比值。UGCC 和 IGCC 电厂的资源利用率分别为 19.39% 和 18.29%。未加装 CCS 时，由于电厂发电量相同，产品收益㶲是相同的，均为产出的电㶲，所以 UGCC 电厂资源利用率较高，源于其累积㶲较低，这也意味着能源及资源消耗较少。根据柱状图可知，两电厂累积㶲消耗主要集中在电力生产阶段（S2），该阶段累积㶲消耗占比超过总累积㶲消耗的 80%。这一阶段两电厂消耗的过程能源相同，均为电力和蒸汽。区别在于，对于 IGCC 电厂而言，需要大量蒸汽作为气化剂，蒸汽是主要过程能源，而 UGCC 电厂则消耗了更多的电力，总量相差不大。但 UGCC 电厂合成气热值低于 IGCC 电厂，导致生产相同电力 UGCC 电厂耗煤更多，最终电力生产阶段累积㶲较高。

在上游阶段（S1），两电厂所涉及环节有所不同，UGCC 电厂包括气化剂制备（S1－1）和地下气化炉构建（S1－2），而 IGCC 电厂则包括煤炭开采与洗选（S1－1）和煤炭运输（S1－2）过程。这一阶段 UGCC 电厂与 IGCC 电厂的累积㶲分别为 2055.51 MJ/MWh 和 4127.37 MJ/MWh。UGCC 电厂累积㶲较低，一方面是因为 UCG 过程的煤炭回收率较高，煤损仅为 5%，煤炭资源能被充分利用；而 IGCC 电厂在煤炭开采洗选过程和运输过程的煤损分别为 18% 和 4.89%。另一方面是因为两电厂燃料获取方式不同。UGCC 电厂所需合成气是通过地下气化炉获取，因而地下气化炉构建替代了传统煤炭开采、洗选及运输过程，此过程主要消耗柴油，过程能源累积㶲为 728.17MJ/MWh，仅占总累积㶲的 3.95%。而 IGCC 电厂的煤炭开采、洗选和运输环节资源和能源消耗较大，其累积㶲消耗占比达 21.13%。这一结果也客观反映了原位气化的节能优势。需要说明的是，CO_2运输与封存阶段的耗电量在总资源消耗中占比极小，不足 1%，对电厂的影响可忽略。加装 CCS 后，尽管能源惩罚使 UGCC 和 IGCC 电厂的累积㶲分别升高了 38.49% 和 37.03%，但两电厂的资源利用率（γ）仍略有增加。原因在于电厂加装 CCS 后，产品收益㶲增加，除电㶲以外，还包括副产蒸汽和捕集的 CO_2。可见加装 CCS 后，系统产生的额外产品收益会促使资源利用率提高。总的来说，UGCC 电厂比 IGCC 电厂具有更好的资源利用可持续性。

四种情景环境可持续指数（ε）及电厂生命周期各子阶段 GHG 减排㶲如图 2.5 所示。基于累积㶲和减排㶲结果，由式（2.4）可获得电厂环境可持续指数（ε）。从图 2.5 中可看出，UGCC 电厂环境可持续指数（ε）为 72.21%，低于 IGCC 电厂的 75.84%，导致 UGCC 电厂环境可持续性较差的原因在于其减排㶲略高。UGCC 电厂和 IGCC 电厂的减排㶲分别为 7090.52MJ/kg 和 6222.9MJ/kg，UGCC 电厂减排㶲为 IGCC 电厂减排㶲的 1.14 倍。从图中可明显看出，UGCC 电厂上游阶段和电力生产阶段的减排㶲均高于 IGCC 电厂。在上游阶段，尽管地下气化炉构建（S1－2）的 GHG 排放远低于煤炭开采与洗选（S1－1）和煤炭运输（S1－2），但由于气化剂制备（S1－1）消耗电力较多，产生了大量 CO_2，最终导致上游阶段

GHG 排放较高。在电力生产阶段，UGCC 电厂 GHG 排放较多，原因在于其合成气热值低于 IGCC 电厂。UCG 和 SCG 合成气组分见表 2.10。

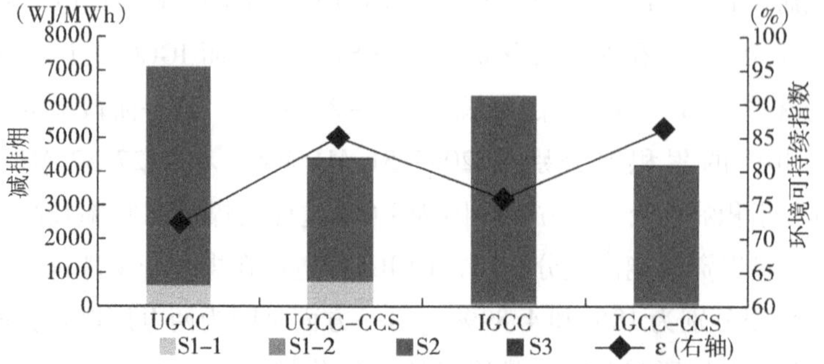

图 2.5 四种情景各子阶段减排㶲和环境可持续指数

表 2.10 UCG 和 SCG 合成气组分

组分	摩尔占比（%）	
	UCG	SCG
H_2	27.41	35.11
CO	51.47	55.83
CO_2	7.64	2.50
CH_4	0.01	0.05
N_2	0.71	0.59
H_2O	11.78	5.18

CO_2运输与封存阶段的耗电量在总资源消耗中占比不足 1%，故该阶段对电厂的影响可忽略。加装 CCS 后，由于排放的 CO_2大幅减少，UGCC 电厂和 IGCC 电厂的减排㶲分别下降了 12.24% 和 5.10%，同时环境可持续指数也分别上升了 85.27% 和 86.47%。总体来说，与 IGCC 电厂相比，UGCC 电厂在环境可持续方面表现欠佳，有待进一步提升。CCS 系统对电厂 GHG 减排效果显著，可有效提高电厂环境可持续性。

2.3.2 生命周期㶲效率和㶲损分析

2.3.2.1 生命周期㶲效率

为进一步提高 UGCC 电厂环境可持续性，有必要对电厂㶲效率进行分析，识别可改进单元。加装 CCS 电厂单元流程更为全面，因此选取配备

CCS 的 UGCC 电厂和 IGCC 电厂进行㶲效率分析。图 2.6 展示了两类电厂整个生命周期过程中各单元的㶲效率和流入及流出各子单元的㶲值。根据 UGCC－CCS 和 IGCC－CCS 生产 1MWh 电力的耗煤量（471.8kg/h 和 404.1kg/h），可得到电厂的煤㶲值分别为 11700MJ 和 9520MJ。两类电厂的输出电力㶲值是相同的，为 3610MJ。此处仅考虑有价值的输出产品，包括副产蒸汽、回收的硫、被捕集的 CO_2 和所产电力，生产过程中的热损失和废弃物被排除在外。根据式（2.6）可计算出 UGCC－CCS 电厂和 IGCC－CCS 电厂的㶲效率分别为 34.27% 和 33.15%。由图 2.6 可知，除了煤炭开采及运输、地下和地上气化单元外，两类电厂其余单元均相同，且各单元㶲效率差异并不显著。㶲效率相差较大的单元为煤气化单元，地下气化单元的㶲效率为 78.5%，低于地上气化单元的 92.3%。主要原因在于地下气

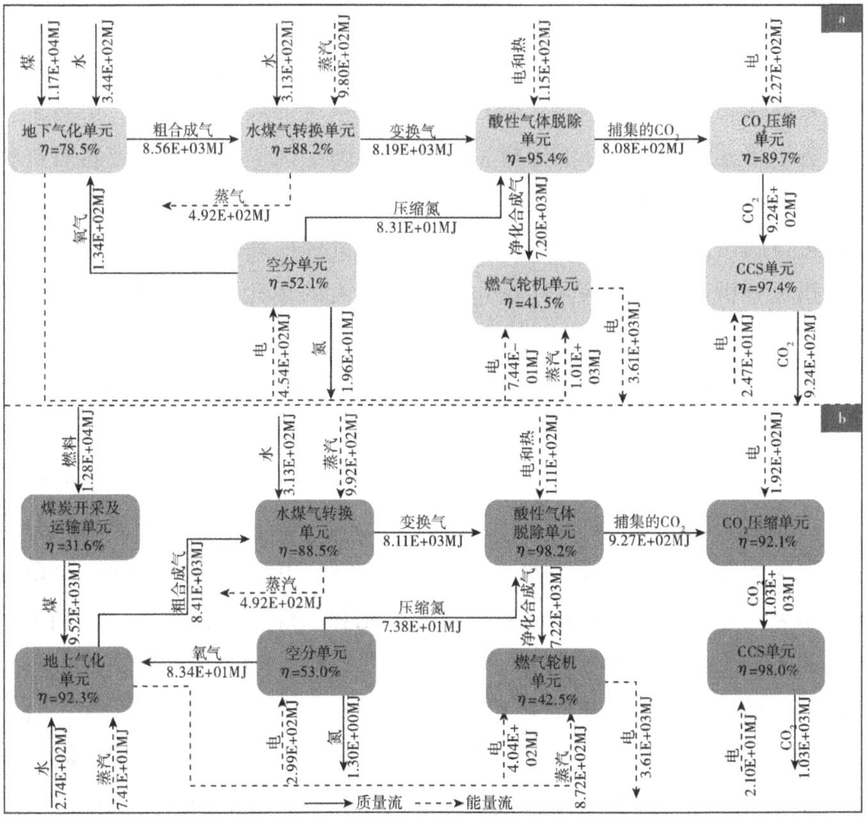

图 2.6 UGCC－CCS 电厂和 IGCC－CCS 电厂㶲流

化过程㶲损较大，下节会进行详细分析。此外，与地下气化技术相比，地上气化技术较为成熟，反应过程也较为稳定，易于控制，整体㶲效率会较高。

虽然 UGCC - CCS 电厂地下气化单元㶲效率较低，但气化过程煤炭资源回收率较高，损失的煤炭资源㶲值仅占电厂总投入㶲的 4.02%。而对于 IGCC - CCS 电厂来说，上游阶段煤炭开采及运输过程中煤损较大，结合该过程额外的燃料消耗，煤炭开采及运输单元的能源、资源消耗㶲值占电厂总投入㶲值的 21.11%，最终导致 IGCC - CCS 电厂㶲效率较低。如果不考虑上游阶段的燃料消耗及煤炭损失，IGCC - CCS 电厂的整体㶲效率可提高到 42.03%，可见，具有节能优势的原位气化技术对提高系统㶲效率效果显著。

2.3.2.2 生命周期㶲损

所有不可逆的过程在实际中均伴有㶲的损失，㶲损的大小反映了系统中能量转换与利用的完善度，㶲损失越小，系统㶲效率就越高。虽然上节已对各子单元㶲效率进行了分析，但并不能确定该单元是否一定具有优化潜力，只有当子单元㶲效率较低且㶲损系数较大时，我们才认为该单元具有改进空间。因此，有必要进一步对各子单元㶲损系数进行分析。通过对这一指标分析，我们能深入了解电厂㶲损较大的单元及㶲损原因，甄别出哪些单元有进一步改进的潜力。㶲损系数可根据 Aspen 模型中各单元㶲流值，由式（2.10）计算得出。图 2.7 和图 2.8 显示了电厂总㶲损在各子单元的占比情况。

从图 2.7 中可以看出，UGCC - CCS 电厂㶲损最大的单元是燃气轮机单元，占总损失的 52.74%，其次是地下气化单元和水煤气转换单元，分别占总损失的 27.37% 和 12.21%。而 IGCC - CCS 电厂㶲损较大的三个单元分别是燃气轮机单元、煤炭开采及运输单元和水煤气转换单元，分别占总损失的 47.25%、31.59% 和 10.80%（见图 2.8）。两类电厂㶲损较大单元均包括了燃气轮机单元和水煤气转换单元。在燃气轮机单元中，除了合成气在燃烧过程中发生了不可逆的化学反应外，燃气轮机进口温度的限制也使合成气在降温时产生了热量损失。这两单元虽然㶲损较大，但由于技术限制，进一步提升潜力有限。此外，在 IGCC - CCS 电厂中，煤炭开采及运输过程㶲损也较大，但这一过程的损失难以避免。另外，UGCC - CCS 电厂

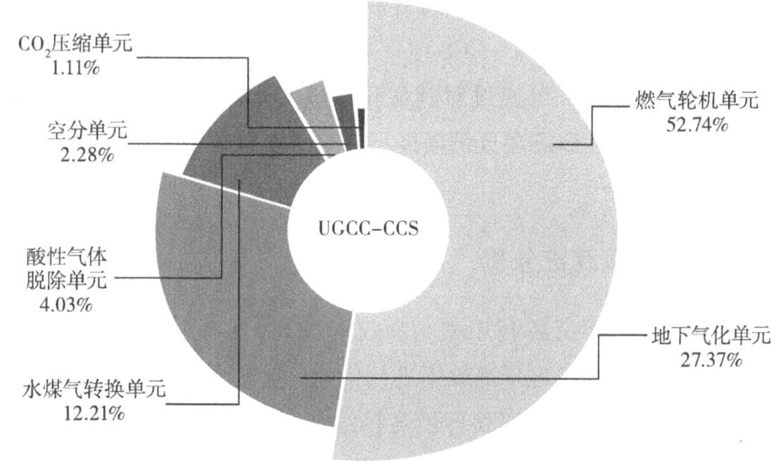

图 2.7 UGCC－CCS 电厂各子单元㶲损占比

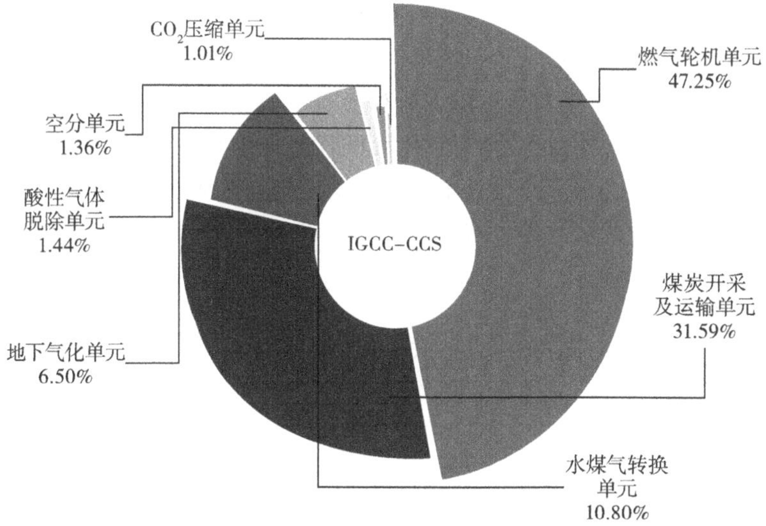

图 2.8 IGCC－CCS 电厂各子单元㶲损占比

中的地下气化单元㶲损也不容忽视。地下气化单元的㶲损主要来自两个方面：一方面，煤炭在地下气化时，气化过程产生的热量及生成的气体可能通过周围煤层空隙向外逸散，造成不可避免的损失；另一方面，为避免高温对管道的损坏，合成气在到达地表前，应被冷却到适宜温度（300℃），这一过程加重了热损失。地下气化技术虽具有可行性，但受煤种、地质条件等约束，合成气组分和热值不够稳定，若能对地下气化过程进行更好的控制，可有效降低过程㶲损，提高合成气热值，从而有利于电厂㶲效率的提升。总的来说，与 IGCC－CCS 电厂相比，UGCC－CCS 电厂的地下气化单元有较大优化潜力。可通过对其优化，进一步降低㶲损，提高系统㶲效率。需要说明的是，CCS 单元㶲损极小，对系统㶲效率贡献不足 1%，故未在图中展示。

2.3.3 效率改进分析

尽管 UGCC 电厂资源利用率与㶲效率较高，但环境可持续指数较低。因此，有必要对 UGCC 电厂㶲效率进行优化，降低能源、资源消耗和 GHG 排放，提高电厂资源利用率和环境可持续指数。通过㶲效率和㶲损分析可知，地下气化单元是 UGCC 电厂最具优化潜力的单元。在地下气化过程中，气化剂中水和氧气含量是控制地下气化反应过程以及影响合成气组分的重要条件。过量氧气会消耗可燃气体，降低合成气热值，而过量的水则会降低气化温度，导致气化反应终止。因此，有必要通过对水煤比和氧煤比进行分析，探究其对 UGCC 电厂㶲效率的影响。建模过程是通过改变气化温度调整氧煤比，因此本研究气化温度代表氧煤比的变化。气化温度和水煤比对 UGCC－CCS 电厂㶲效率的影响结果如图 2.9 所示。

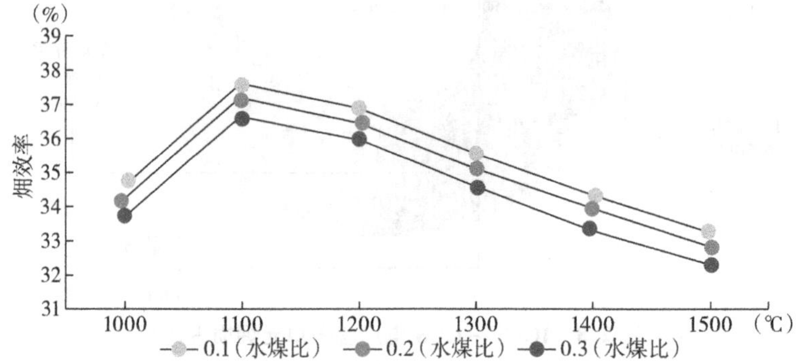

图 2.9 气化温度和水煤比对 UGCC－CCS 电厂㶲效率的影响

在不同水煤比条件下，UGCC－CCS 电厂㶲效率随气化温度改变具有相同的变化趋势。即随着气化温度升高，㶲效率呈先上升后下降的现象，这与合成气有效组分含量有关。在气化温度较低时，随着温度上升，水煤气反应速率加快，合成气有效组分氢气含量增加。当温度上升到一定程度后，氢气燃烧反应占优势，反而使得水煤气变换反应平衡左移，氢气含量降低。由于气化温度客观反映了耗氧量，我们可以得知，过高或过低的氧煤比都不利于电厂㶲效率的提高，而是存在一个最佳氧煤比。根据 1100℃下的电厂需氧量，可算得电厂㶲效率最高时的临界氧煤比为 0.6。此外，在气化温度不变的情况下，㶲效率随水煤比的上升而下降。比如，水煤比由 0.2 上升为 0.3 时，㶲效率从 37.16% 下降为 36.66%。原因在于水的增加对一氧化碳生成的抑制效果比氢气生成的促进效果大得多，合成气有效组分含量降低。从图 2.9 中还可看出，相对于水煤比而言，氧煤比变化对㶲效率的影响更为明显。总的来说，当氧煤比为 0.6，水煤比为 0.1 时，UGCC－CCS电厂㶲效率达到最高，为 37.56%。

优化后的 UGCC－CCS 电厂与原有 IGCC－CCS 电厂的综合结果对比如图 2.10 所示。从图 2.10 中可看出，优化后的 UGCC－CCS 电厂㶲效率上升为 37.56%，比 IGCC－CCS 电厂高出 13.30%。相应地，该电厂累积㶲和减排㶲也分别下降了 9.59% 和 7.46%。表明电厂在效率提升后，资源消耗和 GHG 排放均有一定程度下降。与此同时，由于资源消耗和 GHG 排放减少，UGCC－CCS 电厂资源利用率（γ）和环境可持续指数（ε）也分别上升了 10.55% 和 1.34%。总体来看，通过调整地下气化单元的水煤比和氧煤比，使 UGCC－CCS 电厂在资源利用和 GHG 环境影响方面的综合持续性能得到了较好提升。

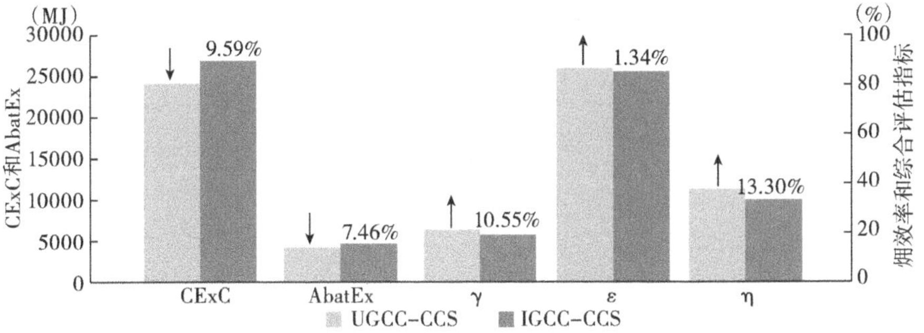

图 2.10　优化后的 UGCC－CCS 电厂与原有 IGCC－CCS 电厂的综合结果对比

2.4　本章小结

本章基于 Aspen Plus 建立了 UGCC 电厂及 IGCC 电厂㶲效率评估模型，在对电厂资源能源消耗以及污染物排放进行量化的同时，对能源效率进行了详细评估并优化，识别影响效率的关键单元，并进一步降低了能源消耗和 GHG 排放，以促进其可持续发展。根据已有结果，可得到如下结论：

（1）UGCC 电厂和 IGCC 电厂资源利用率分别为 19.39% 和 18.29%，环境可持续指数分别为 72.21% 和 75.84%。表明了 UGCC 电厂资源利用可持续性较好，但在 GHG 排放方面，环境性能不佳。加装 CCS 后，资源利用率和环境可持续指数均有所上升。

（2）UGCC－CCS 电厂和 IGCC－CCS 电厂的㶲效率分别为 34.27% 和 33.15%。与 IGCC－CCS 电厂相比，UGCC－CCS 电厂地下气化单元㶲效率较低，为 78.50%，但㶲损占比达 27.37%，具有较大优化潜力。

（3）当氧煤比为 0.6，水煤比为 0.1 时，UGCC－CCS 电厂㶲效率达到最高，为 37.56%。与 IGCC－CCS 电厂相比，其㶲效率升高 13.30%，资源利用率和环境可持续指数也分别上升了 10.55% 和 1.34%。通过效率优化，电厂在资源利用及 GHG 环境影响两个方面的综合持续性能均得以提升。

3 UGCC－CCS 项目生命周期环境影响评价

3.1 引言

第2章对 UGCC 电厂的能源转换效率进行了系统评估和优化，然而 UGCC 电厂的稳定持续发展不仅要考虑能效问题，还要考虑治理和减少污染物排放问题。通常，电厂在发电过程中会引起 CO_2、SO_X、NO_X的排放以及有害微量元素的释放，影响周围环境并威胁人类健康，因此电力部门应采取积极有效的环保措施，尽最大努力减少 GHG 排放并改善环境问题。

煤炭清洁发电技术是电力部门提高能效、低碳发展的重要选项。目前煤炭清洁发电技术主要有超临界发电（Super Critical，SC）技术、超超临界发电（Ultra Super Critical，USC）技术以及 IGCC 技术。与前两种直接燃烧发电技术不同，IGCC 技术先将煤炭气化，生成的合成气经净化后用于发电。该过程可产生高浓度 CO_2，有利于 CO_2捕集。但 IGCC 技术采用传统煤炭开采方式，受地质条件及技术水平等约束，许多开采难度大或开采不经济的煤层难以被充分利用，造成煤炭资源的大量浪费。传统开采方式还会造成一系列环境污染，如煤炭开采环节会释放甲烷等温室气体、产生大量煤矸石；洗选环节耗水量大且会引起水体污染；运输环节也会排放颗粒物及粉尘等。因此，亟须发展新技术来提高煤炭资源回收利用率和减轻环境负担。

UCG 技术可以很好地解决上述问题，通过化学开采方式，将煤炭就地气化成合成气，并输送到地表加以利用。一方面，UCG 技术能够开采不安全或经济性差的煤层，充分利用老矿井以及深部难采煤层的煤炭资源，极大地提高了煤炭资源的回收利用率。另一方面，该技术集传统煤炭开采、洗选和运输等环节于一体，将煤炭气化后的煤灰及残渣留在地下，克服了煤炭开采过程中的人员安全和环境问题。可见，UCG 技术在完善甚至替代传统开采方式和地面气化技术方面有巨大潜力，有利于煤炭行业的可持续发展。地下煤气化合成气应用范围很广，可以用来发电、制氢、合成燃料等。其中，利用 UCG 技术为 IGCC 发电提供气源，形成煤炭 UGCC 发电系统，已成为煤炭清洁发电的新路径。此外，将 CCS 技术应用于 UGCC 发电系统，对于缓解气候变化尤为重要。

现阶段，UCG 技术在全球已有一些成功案例，但商业化步伐缓慢。考虑到其潜在的环境风险，若未能对其进行妥善管理，在项目进一步工业化发展的过程中，有可能引发更多环境问题。从这一角度考虑，对 UGCC 项目进行全面的环境影响评估尤为重要。目前对 UGCC 项目的环境影响评估较为薄弱，尤其是缺乏生命周期角度的综合环境效益评估。为了更好地了解 UGCC 环境影响的优劣，本研究采取与 IGCC 对比的方式，对其进行环境影响评估。旨在回答以下问题：①UGCC/UGCC - CCS 电厂技术性能及生命周期环境影响如何？与 IGCC 电厂对比有哪些优势和劣势？②影响 UGCC 电厂环境的因素有哪些以及如何应对？这些信息为煤炭清洁利用的技术选择提供了参考，同时对理解 UGCC 技术的发展将如何影响国家能源使用和污染排放，以及如何在基础设施建设过程中制定减少这些影响的政策或战略起至关重要的作用。

3.2 方法模型与数据处理

LCA 的概念是国际环境毒理学与化学学会（Society of Environmental Toxicology and Chemistry，SETAC）于 1990 年在关于环境协调性评价的国际研讨会上首次提出，它是一种系统性、定量化的分析工具，用于计算和评估某一产品或服务在整个生命周期内的环境影响和资源利用情况。生命周期是指从原材料的获取和加工，到产品的运输和使用，最后到废弃物的循环和处置的整个过程。

根据国际标准化组织推出的 ISO 14040—2006 和 ISO 14044—2006 标准，LCA 可分为四个阶段：定义目标和范围、清单分析、影响评价和解

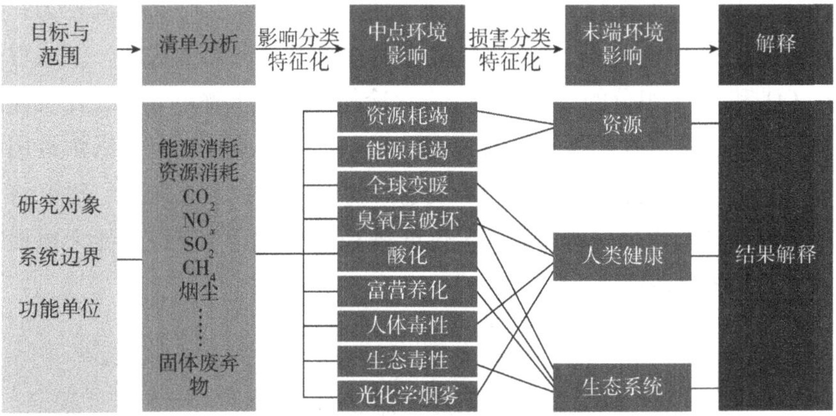

图 3.1　生命周期评价内容与步骤

释，具体内容和步骤如图 3.1 所示。第一阶段是确定研究目标和范围，说明研究对象、系统边界、功能单位等；第二阶段为构建生命周期清单（LCI），进行清单分析，包括能源消耗、资源消耗、排放的污染物及固体废弃物等；第三阶段是进行生命周期环境影响评价，即将排放的污染物分别按照影响和损害进行分类，特征化处理后即可得到中点影响和末端影响的结果；第四阶段是对评价结果进行解释分析并得出结论。

3.2.1　情景设置及电厂配置

3.2.1.1　情景设置

本章目标是 UGCC 电厂的环境影响，但对 UGCC 电厂单独进行环境影响评估，只能给出环境影响的临界值，不能判断环境优劣。与 IGCC 电厂对比，可以较明确地识别其环境影响。同时 CCS 技术是化石能源近零排放的主要途径，将其应用于化石燃料电厂，对缓解气候变化起重要作用。因此本章设置了四种情景，分别为 IGCC 电厂、UGCC 电厂、IGCC－CCS 电厂和 UGCC－CCS 电厂。

3.2.1.2　电厂配置

IGCC 系统主要包括空分、气化炉、气体冷却净化、水解反应器/水煤气转换器，以及酸性气体脱除、废气处理、燃气轮机、蒸汽轮机和余热锅炉等单元，如图 3.2 所示。图中浅色部分是煤气化电厂的主要配置单元，深色部分为电厂加装 CCS 系统后增加的单元。IGCC 电厂发电流程为：煤与空分单元制备的氧气在夹带式气化炉内通过复杂的化学反应，生成包括 CO、CO_2和 H_2等组分的合成气。经净化冷却单元、水解单元和酸性气体脱除单元后，合成气在燃气轮机内被燃烧用于发电。此外，余热锅炉被用于回收低压蒸汽中的热能，并进一步发电。电厂加装 CCS 系统后，需要将水解反应器替换为水煤气转换器，不仅能将 COS 转化为 H_2S，还能大幅提高合成气中的 CO_2浓度。

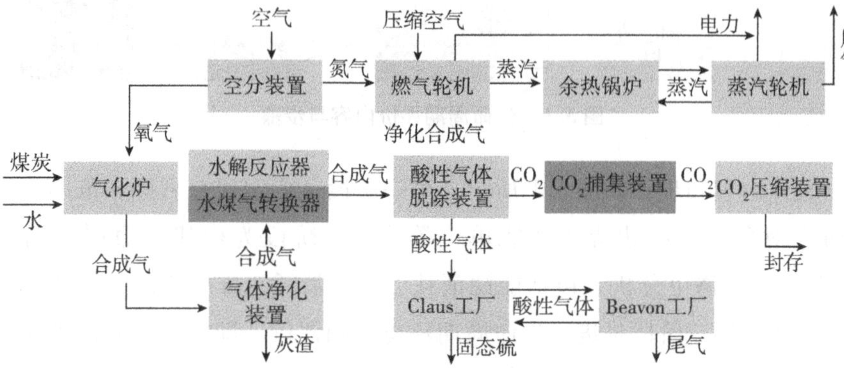

图 3.2　IGCC 电厂流程

值得注意的是，本章选用具有高运行温度的夹带式气化炉，以及浓度为 95% 的氧气，以尽可能提高合成气生产效率，并降低焦油等有害物质的生成。酸性气体脱除单元使用的吸收剂为 Selexol（聚乙二醇二甲醚），该溶剂具有运行费用低、溶解能力强、可选择性吸收 H_2S 和 CO_2气体、再生能力强、毒性和可燃性低等优点。

UGCC 系统包括空分单元、地下气化炉单元、合成气净化单元、水煤气转换单元、酸性气体脱除单元及余热锅炉单元等。总体来看，UGCC 所涉及单元与 IGCC 系统类似，区别主要在于燃料类型及获取方式不同。在 IGCC 电厂中，煤炭经开采及处理后被运往电厂发电。UGCC 电厂发电原理与 IGCC 电厂类似，但是将煤炭就地气化，产生的合成气被输送至电厂发电，避免了传统煤炭开采、洗选及运输过程。需要说明的是，地下气化反应较为复杂，有必要对地下气化炉组成以及气化过程进行详细介绍。地下气化炉主要由注气井、产气井、监测井、地下气化工作面和点火系统组成。在工作人员完成钻井任务后，向井内注入气化剂并点燃点火系统，气化剂与煤炭在高温环境下发生气化反应，最终生成合成气并经由产气井输送至地面。从技术角度来看，UCG 工艺较为复杂，地下气化反应难以同地面气化一样得到有序控制，因而不可避免地会伴有一定风险，例如，合成气质量及组分不稳定、地下水污染及地表沉降等。因此，选择适当的 UCG 场地对于保障项目顺利进行至关重要。通常，具有以下地质特征的场地可能更有利于 UCG 的发展，例如，煤层厚度不低于 3m，地质构造稳定以及较好顶底板密闭性等。由于目前没有统一的地质评价标准，这些参数只能作为参考，实际操作中需要根据项目具体情况进行调整。

3.2.2 研究目标及系统边界

3.2.2.1 研究目标和功能单元

本章目标是建立地上、地下煤气化电厂生命周期评价模型，通过两种技术对比的方式，识别地下煤气化电厂环境影响的关键环节和因素，提出改进建议。鉴于各阶段采集到的数据单位不一致，为了比较的公平性，需要制定统一的功能单元，研究选取 1MWh 电力作为统一的功能单元。

3.2.2.2 系统边界

IGCC 电厂上游环节包括：煤炭地下开采、煤炭洗选和煤炭运输，发电环节包括电厂发电和 CO_2 捕集单元。下游环节包括：CO_2 运输和封存。UGCC 电厂的发电环节和下游环节与 IGCC 电厂相同，上游环节则完全不

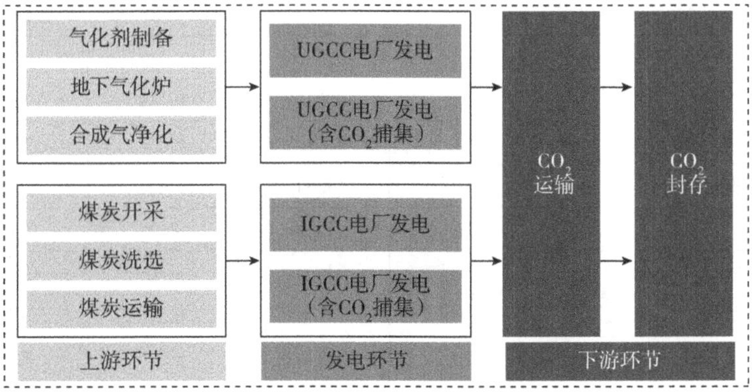

图 3.3 生命周期系统边界

同，由气化剂制备、地下气化炉和合成气净化单元组成，系统边界见图 3.3。本章尚未考虑基础设施的建设（如煤矿、电厂、运输设备）以及员工活动造成的环境影响，因为其数据获取难度较大，且对整个生命周期过程的影响较小，故被排除在系统边界外。作为电厂主要副产品的单质硫已被硫回收工厂利用，对环境的影响较小，因此没有考虑副产品的分配。

3.2.3 生命周期数据清单分析

该部分是生命周期评价的第二阶段，也是后期环境影响评估的基础，本研究基于给定的假设条件（见表 3.1），应用综合环境控制模型（IECM，version 11.2）建立了煤气化电厂的技术经济模型，获得了电厂环节的能耗和排放数据，并在此基础上构建了 LCI（见表 3.2 和表 3.3）。IECM 是卡耐基梅隆大学（Carnegie Mellon University）为美国能源部国家能源技术实验室（National Energy Technology Laboratory，NETL）开发的模型，用来评估化石燃料电厂的技术经济和环境性能。尽管 IECM 模型没有专门针对 UCG 单元的设计，但已有研究人员采用该模型评估了 UCG 合成气用于发电的经济可行性。因此，为使 UGCC 电厂评估结果与实际情况更接近，我们将工程试验数据与 IECM 模拟数据相结合，对电厂性能进行评估，并计算了污染物排放。UCG 过程的资源投入和污染物排放来自相关文献、专家咨询以及实地调研，在此基础上，完成了对 UGCC 电厂其他单元的建模工作。

表 3.1 生命周期模型假设参数

过程/参数	单位	数值	数据来源
上游环节			
开采电耗	kWh/t	30.39	假设
洗选电耗	kWh/t	8.83	假设
煤炭获取柴油消耗	kg/t	0.0059	CLCD
水耗	kg/t	860	CLCD
CH_4 排放系数	kg/t	5.07	CLCD
气化剂水煤比	t/t	0.23	[65]
运输煤炭电耗	kWh/t	8.89	假设
运输煤炭损耗	%	1	[148]
开采煤炭损耗	%	18	CLCD

续表

过程/参数	单位	数值	数据来源
洗选煤炭损耗	%	4.89	[149]
Selexol 消耗	kg/t	0.034	[150]
Selexol 溶剂制备			
环氧乙烷消耗	kg	0.75	[151]
甲醇消耗	kg	0.20	[151]
耗水量	kg	0.05	[151]
天然气消耗	m^3	0.05	[151]
蒸汽消耗	kg	0.50	[151]
电耗	kWh	0.30	[151]
发电环节			
氧气浓度	%	95	假设
气化炉温度	℃	1427	假设
粉尘脱除率	%	99.8	[150]
COS 转化为 H_2S 效率	%	98	假设
H_2S 脱除率	%	98	假设
COS 脱除率	%	40	[152]
CO 转化为 CO_2 效率	%	95	假设
CO_2 脱除率	%	90	假设
硫回收率	%	95	假设
CO_2 临界压力	MPa	13.8	假设
CO_2 压缩电耗	kWh/t	111	[118]
下游环节			
CO_2 运输距离	km	200	假设
加压站数量	—	2	假设
CO_2 运输电耗	kWh/t	2.3986	[148，153]
CO_2 封存电耗	kWh/t	7	[118]
CO_2 运输损耗	%	2	假设
CO_2 封存损耗	%	4	假设
封存深度	km	2	假设

表 3.2　生命周期投入清单

投入	单位	IGCC	UGCC	IGCC - CCS	UGCC - CCS
1. 燃料获取环节					
煤炭开采	t/h	218.24	248.80	243.65	247.60
柴油消耗量	kg/h	1.29	—	1.44	—
煤炭获取电耗	MWh/t	8.56	—	9.56	—
耗水量	t/h	187.68	57.22	209.54	56.95
耗氧量	t/h	90.72	193.30	101.40	192.20
空分及合成气净化电耗	MWh/h	—	46.81	—	46.59
2. 燃料运输环节					
煤炭运输量	t/h	168.28	—	187.88	—
煤炭运输电耗	MWh/h	1.50	—	1.67	—
合成气运输量	t/h	—	726.33	—	722.78
管道运输电耗	MWh/h	—	1.00	—	0.99
3. Selexol 溶剂制备环节					
环氧乙烷消耗	kg/h	2.20	4.79	14.19	17.84
甲醇消耗	kg/h	0.59	1.28	3.78	4.76
耗水量	kg/h	0.15	0.32	0.95	1.19
天然气消耗	m^3/h	0.15	0.32	0.95	1.19
蒸汽消耗	kg/h	1.47	3.19	9.46	11.90
电耗	kWh/h	0.88	1.92	5.67	7.14
4. 发电环节					
煤炭消耗量	t/h	166.60	—	186.00	—
合成气消耗量	t/h	—	726.33	—	722.78
柴油消耗量	t/h	0.78	0.69	0.71	0.58
补给水消耗	t/h	91.72	81.51	275.10	223.51
氧气消耗量	t/h	90.72	—	101.40	—
Selexol 消耗量	kg/h	2.94	6.39	18.91	23.79
CO_2压缩电耗	MWh/h	—	—	45.41	38.66
5. CO_2运输环节					
CO_2压缩量	t/h	—	—	409.10	348.26
CO_2运输耗电	kWh/h	—	—	981.27	835.32
6. CO_2封存环节					
CO_2运输量	t/h	—	—	400.92	341.29
CO_2封存电耗	MWh/h	—	—	2.81	2.39

表 3.3 生命周期产出清单

产出	单位	IGCC	UGCC	IGCC－CCS	UGCC－CCS
1. 燃料获取环节					
到厂煤炭	t/h	168.28	—	187.88	—
煤炭损耗量	t/h	49.95	—	55.77	—
CH_4 排放量	t/h	1.11	—	1.24	—
到厂合成气	t/h	—	726.33	—	722.78
灰渣排放量	t/h		14.05		13.98
Hg 排放量	mg/h		0.23		0.23
As 排放量	mg/h		1.65		1.65
COD 排放量	kg/h		0.22		0.22
焦油排放量	kg/h		0.01		0.01
NH_3 排放量	kg/h		0.03		0.03
H_2S 排放量	g/h		1.58		1.58
2. 燃料运输环节					
煤炭运输量	t/h	166.60	—	186.00	—
煤炭损耗量	t/h	1.68	—	1.88	—
合成气运输量	t/h	—	726.33	—	722.78
3. Selexol 溶剂制备环节					
环氧乙烷消耗量	kg/h	0.0003	0.0006	0.0019	0.0024
甲醇消耗量	kg/h	0.0003	0.0006	0.0019	0.0024
Selexol 消耗量	kg/h	2.94	6.39	18.91	23.79
4. 发电环节					
净输出功率	MWh/h	586.50	734.70	535.40	612.50
灰渣排放量	t/h	9.40	—	10.51	—
硫产出量	kg/h	511.90	307.36	571.90	305.73
CO_2 捕集量	t/h	—	—	409.10	348.26
PM 排放量	kg/h	2.10	2.22	2.34	2.21
CO_2 排放量	t/h	426.80	452.91	67.58	102.31
SO_2 排放量	kg/h	27.71	12.85	30.94	12.79
NO 排放量	kg/h	28.59	20.26	29.66	20.95
NO_2 排放量	kg/h	2.31	1.64	2.39	1.69
5. CO_2 运输环节					

续表

产出	单位	IGCC	UGCC	IGCC - CCS	UGCC - CCS
CO_2运输量	t/h	—	—	400.92	341.29
CO_2损失量	t/h	—	—	8.18	6.97
6. CO_2封存环节					
CO_2损失量	t/h	—	—	16.04	13.65

在整个生命周期过程中，UGCC 电厂和 IGCC 电厂可包括以下环节，分别是燃料获取、运输、电厂发电及 CO_2运输和封存。其中，燃料获取和运输可归为电厂上游环节，CO_2运输和封存则被视为下游环节。根据建立的技术经济模型，输入燃料特性、污染物脱除率等相关参数，可得到电厂环节投入产出数据。以此为基础，结合表 3.1 电厂数据及假设条件，可计算出电厂上下游的资源、能源消耗以及污染物排放。本章选用煤种与第 2 章相同，组分见表 2.1。假设 IGCC 电厂的煤炭和 UGCC 电厂的合成气通过铁路与管道方式运输，运输距离分别为 400km 和 100km。此外，CO_2是电厂 GHG 排放的主要来源，Selexol 被选作 CO_2捕集溶剂。随后将捕集的 CO_2压缩到 13.8MPa 的超临界状态，通过管道运输到封存场地。需要说明的是，尽管地下煤气化场地与 CO_2封存场地的地质条件极为相似，这表明 CO_2具有就地封存优势，但为了比较一致性，假设这两类电厂的 CO_2运输距离相同，均为 200km。

基于已构建的生命周期投入产出清单，本研究应用 GaBi 软件建立了生命周期环境影响评价模型。图 3.4 为 UGCC - CCS 电厂生命周期评估模型，其他情景均类似。

3.2.4 生命周期影响评估

生命周期影响评估是根据生命周期清单数据对潜在的中点和末端环境影响进行量化的过程。针对中点环境影响，本研究选用 CML2001 方法所包含的 10 类环境影响，分别是全球温升潜势（GWP）、非生物资源枯竭潜势（ADP_{fossil}）、酸化潜势（AP）、富营养化潜势（EP）、人体毒性潜势（HTP）、淡水生态毒性潜势（FAETP）、陆地生态毒性潜势（TETP）、海洋生态毒性潜势（MAETP）、光化学臭氧形成潜势（POCP）和臭氧层破坏潜势（ODP）。该方法由荷兰莱顿大学环境科学研究中心开发，是迄今为止最成熟和应用最广泛的方法。对于末端环境影响，研究选取了生态指标法（Eco－indicator99），它由荷兰和瑞士共同资助成立的国际专家组织开发，是基于环境损害原理对产品进行环境影响评价的方法。末端环境影响涉及人类健康（HH）、生态系统（EQ）和资源（RE）三个方面。具体指标包括：致癌作用（CE）、有机呼吸系统的影响（OR）、无机呼吸系统的影响（IR）、气候变化（CC）、臭氧层破坏（OD）、辐射（RA）、酸化/富营养化（AC/NC）、生态毒性（EC）、矿产资源（MI）和化石能源（FF）。

值得注意的是，Eco－indicator99 基于文化理论有三种不同的研究观点，即平等主义（Egalitarian perspective）、等级主义（Hierarchist perspective）及个人主义（Individualist perspective），反映了研究者对环境的不同态度。平等主义观点探讨的是长期的影响，且假定损害或灾难事件无法避免；等级主义观点同样评估长期影响，但认为可通过良好的管理避免损害或灾难事件的发生；个人主义观点主要探讨短期影响，认为可通过科技或经济的发展，恢复对环境损害造成的影响。本研究目的就是从长远的角度考虑，试图采取有效措施，避免环境损害的发生，因此选用等级主义观点。

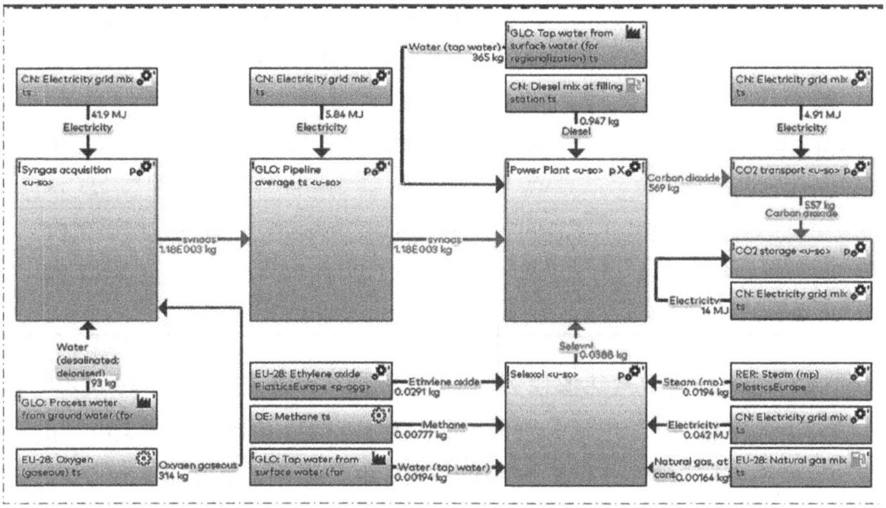

图 3.4 UGCC－CCS 电厂生命周期评估模型

3.3 结果分析

3.3.1 煤气化电厂关键技术性能评估

根据开发的环境影响评价模型及相关数据，我们可以得到四种情景的电厂关键性能，如表 3.4 所示。其中，有两个重要的结果值得注意：冷气效率和净发电效率。冷气效率是指气化炉的转化效率，用合成气的燃料热值与煤炭热值的比值表示。UGCC 电厂的冷气效率为 63.47%，比 IGCC 电厂低 19% 左右。因为 UCG 过程较为复杂，受地质条件影响不如地上气化易于控制，导致合成气的产气量不稳定，合成气可燃组分如 CO、H_2 等占比较低。可通过增强对地下气化过程的监控，保证气化过程的稳定性，提高可燃气体的组成和热值。加装 CCS 对电厂冷气效率没有影响。

表 3.4 煤气化电厂关键性能参数

关键性能参数	单位	IGCC	UGCC	IGCC - CCS	UGCC - CCS
煤流量	t/h	166.60	248.80	186.00	247.60
煤炭高热值	MJ/kg	29.26	29.26	29.26	29.26
煤炭热能（A）	MW	1354.09	2022.19	1511.77	2012.44
合成气热能（B）	MW	1117.26	1283.48	1247.36	1277.29
冷气效率（B/A × 100）	%	82.51	63.47	82.51	63.47
燃气轮机功率	MW	370.00	468.90	370.00	422.00
蒸汽轮机功率	MW	286.90	294.30	255.40	255.10
总功率	MW	657.20	763.10	628.30	677.00
净功率	MW	586.50	734.70	536.40	612.00
净发电效率	%	43.33	36.32	35.48	30.44

此外，UCG 合成气热值仅为 5MJ/m^3，加装和未加装 CCS 的 UGCC 电厂净发电效率比 IGCC 电厂分别低 5% 和 7%。加装 CCS 后，两类电厂的净发电效率均有所下降，UGCC 电厂和 IGCC 电厂降幅分别为 8% 和 6%，是 CO_2 压缩和捕集的高能耗导致的。

3.3.2 煤气化发电项目中点环境影响

表 3.5 是基于 CML2001 方法得出的四种情景中点环境影响评估结果。

图 3.5 和图 3.6 分别以堆积条形图的形式展示了四种情景在整个生命周期内对 10 类环境类别的影响。其中，IGCC 的中点环境影响与 Petrescu 和 Cormos 的评估结果比较一致，这也证明了本研究模型和方法的可靠性。

表 3.5 基于 CML2001 的生命周期中点环境影响评估结果

指标	单位	IGCC	UGCC	IGCC－CCS	UGCC－CCS
GWP	kg CO_2－eq/MWh	759.00	887.00	216.00	250.00
AP	kg SO_2－eq/MWh	0.19	0.16	0.26	0.20
EP	kg PO_{43-}－eq/MWh	0.015	0.014	0.020	0.018
ODP	10^{-11}kg R11－eq/MWh	6.78	11.80	47.60	52.30
ADP_{fossil}	GJ/MWh	9.84	9.04	12.10	10.80
FAETP	kg DCB－eq/MWh	0.22	0.19	0.32	0.26
HTP	kg DCB－eq/MWh	6.32	5.19	9.95	7.89
POCP	10^{-3}kg C_2H_4－eq/MWh	12.80	10.60	17.80	14.40
TETP	kg DCB－eq/MWh	0.13	0.10	0.21	0.16
MAETP	10^3kg DCB－eq/MWh	4.81	5.21	7.00	7.04

3.3.2.1 煤气化发电对 GWP 的影响

GWP 是由 100 年时间尺度下累计吸收的太阳强迫辐射引起，包括 CO_2、CH_4、N_2O 等温室气体，统一以 CO_2 当量进行核算。如图 3.5（a）所示，UGCC 电厂的 GWP 比 IGCC 电厂约高 16%。具体来看，GWP 主要来自发电环节，其次是燃料获取环节。电厂环节贡献高达 95% 左右，燃料环节贡献为 4%。究其原因，可以发现 UCG 过程产生的合成气热值较低导致发电环节 GWP 较高。通过 IECM 模型获得的煤流量、热值、冷煤气效率、合成气组分等参数（见表 3.1），可计算出合成气热值。IGCC 和 UGCC 的热值分别为 10.96MJ/m^3和 5.8MJ/m^3，显然，UGCC 热值仅为 IGCC 的 1/2 左右，这意味着 UGCC 电厂每生产 1MWh 电力，需要更多合成气，增加了 CO_2排放量。此外，根据已构建的生命周期清单（见表 3.2 和表 3.3），可得到电厂单位电力耗氧量。UGCC 电厂和 IGCC 电厂的单位电力耗氧量分别为 260t/h 和 150t/h，加装 CCS 后，电厂耗氧量分别上升为 313t/h 和 180t/h。UGCC 电厂生产单位电力耗氧量比 IGCC 电厂高 70% 左右，说明空分装置消耗能量较多，间接排放了更多 CO_2。因此，与 IGCC 电厂相比，UGCC 电厂 GWP 较高取决于两个因素，即空分装置的高能耗和较低的合成气热值。

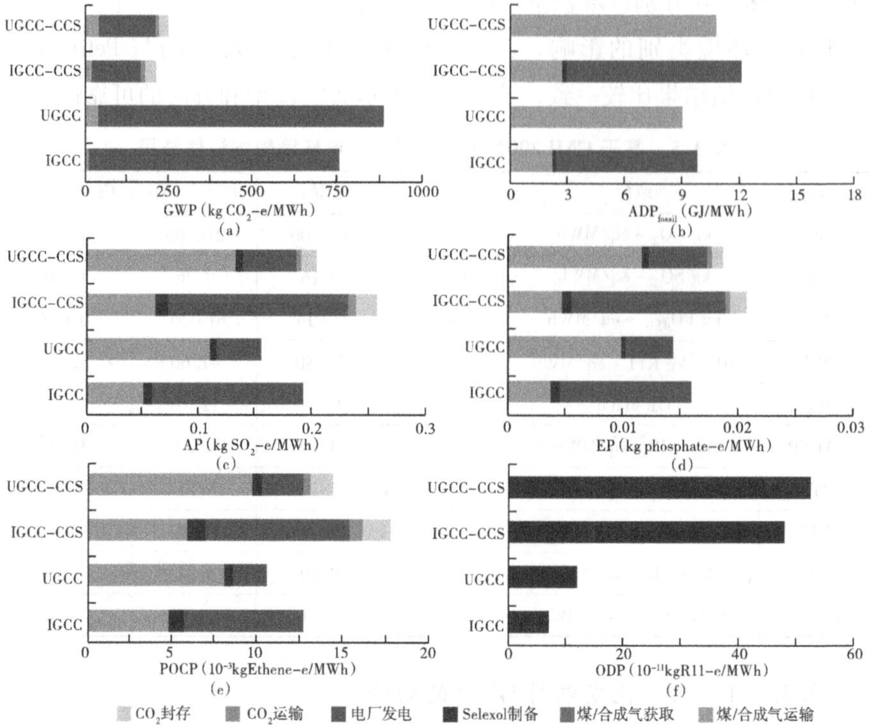

图 3.5 电厂各阶段中点环境影响评估结果

加装 CCS 后，两类电厂的 GWP 降幅达 70% 以上，但小于设定的捕集率 90%。原因在于 CCS 能源惩罚及辅助设施耗能的间接排放。CO_2运输和封存环节造成的 GWP 也不容忽视，在两类电厂占比分别为 15% 和 24%，主要由耗电间接排放及 CO_2泄漏引起。

3.3.2.2 煤气化发电对 ADP 的影响

ADP 可分为 ADP_{fossil}和 $ADP_{element}$两种类型，前者以 GJ 为单位，表示化石能源的消耗，后者以锑（Sb）为单位，代表元素消耗。因 ADP_{fossil}可以反映化石燃料消耗，特别是煤炭的消耗，本章选取 ADP_{fossil}这一指标。与 IGCC 电厂相比，UGCC 电厂 ADP_{fossil}低 8% 左右，且几乎全部来源于燃料获取环节［见图 3.5（b）］。由于燃料获取环节消耗煤炭，而发电环节仅消耗合成气，不重复考虑由此导致的资源枯竭问题。加装 CCS 后，能源惩罚致使 UGCC 电厂和 IGCC 电厂 ADP_{fossil}均有所增加，增幅分别为 19% 和 23%。值得注意的是，IGCC 电厂的净发电效率虽高于 UGCC 电厂，但鉴于

IGCC 电厂上游环节较高的煤损，使得 IGCC 电厂的 ADP_{fossil} 低于 UGCC 电厂。UCG 工程试验结果表明，95% 的煤炭资源可以被气化，煤损仅为 5%，而正常煤矿采煤损失率高于 20%。

3.3.2.3 煤气化发电对 AP 和 EP 的影响

AP 主要由 SO_X、NO_X 等酸性气体排放引起，以 SO_2 当量进行核算。EP 与磷酸盐和 NO_X 排放有关，统一以 PO_{43-} 因子核算。二者变化趋势基本相似［见图 3.5（c）、图 3.5（d）］。从图中可以看出，UGCC 电厂的 AP 和 EP 比 IGCC 电厂分别降低 16% 和 10%。其中，燃料获取环节贡献最大，约为 70%。除气化剂制备过程高能耗导致的间接排放外，合成气中 H_2S 及氨气逸散也有一定影响。此外，因为运输环节采取管道运输的方式，实现了封闭输送，避免了煤炭装卸载及运输时粉尘逸散造成的污染，所以该环节的 AP 和 EP 较低。加装 CCS 后，由于能源惩罚，两类电厂各环节的影响均会有所增加。

3.3.2.4 煤气化发电对 POCP 和 ODP 的影响

POCP 是指挥发性有机物和 NO_X 等物质在光照下经过复杂反应生成 O_3，在特定条件下可进一步形成光化学烟雾，统一以 C_2H_4 当量进行核算。ODP 统一以氟利昂当量进行核算，从图 3.5（e）中可看出，UGCC 电厂 POCP 整体比 IGCC 电厂低 18%，燃料获取环节贡献为 77%。一方面是气化剂制备和合成气净化耗能等间接排放引起；另一方面因焦油中的多环芳香烃等挥发性污染物随合成气被带到地面，加剧了光化学臭氧潜势。此外，UGCC 电厂 ODP 较高且几乎全部来自溶剂制备环节［见图 3.5（f）］，根源在于排放的环氧乙烷。加装 CCS 后，由于能源惩罚及捕集 CO_2 时需要消耗 Selexol，电厂各环节的 POCP 和 ODP 均增加。然而，POCP 和 ODP 在生命周期内的数值很小，对电厂整个生命周期的影响几乎可以忽略。

3.3.2.5 煤气化发电对 TP 的影响

HTP、FAETP、TETP 和 MAETP 均以对二氯苯（1，4－DCB）进行核算，且具有相同的范式［见图 3.6（a）至图 3.6（d）］，在此统一评估。UGCC 电厂除 MAETP 外，其余三种 TP 整体低于 IGCC 电厂，降幅为 14%～23%。燃料获取环节贡献最大，主要有三方面原因：①UCG 过程产生的苯、酚类以及芳香烃化合物溶于水；②燃空区残留的焦油和灰渣浸入

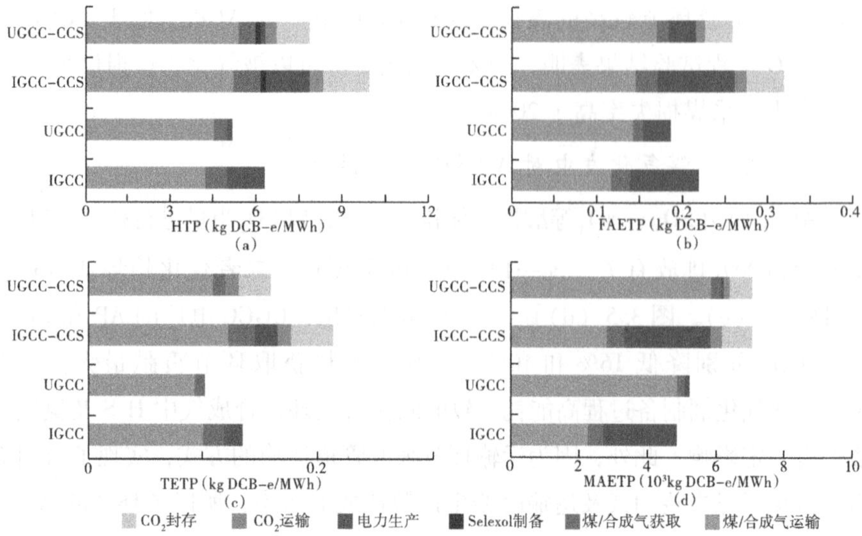

图 3.6 电厂各阶段毒性潜势影响结果

地下水；③地下气化炉产出水未经处理直接排放。此外，地下合成气中的 CO 等有毒气体一部分也会由采空区通过覆盖层泄漏到地表，引发人体毒性等。这些环境隐患与煤质、气化炉密封性、地质密封性、燃空区塌陷等因素有关。需要注意的是，UGCC 电厂的 MAETP 比 IGCC 电厂略高 8.3%，深入分析后发现，UCG 过程中气化剂的制备会产生大量排放到海洋中的污染物，对海洋污染较大。此外，运输环节造成的 TP 也不容忽视。该环节对四种 TP 贡献约为 5%。加装 CCS 后，能源惩罚导致各环节 TP 有一定幅度上升。

3.3.3 煤气化发电项目末端环境影响

表 3.6 是基于 Eco - indicator99 方法得出的四种情景末端环境影响评估结果，该结果以堆积柱状图的形式进行展示，见图 3.7（a）至图 3.7（c）。末端环境影响也涉及燃料获取、运输、溶剂制备、发电、CO_2运输与封存六个环节。图 3.7（d）至图 3.7（f）以百分比柱状图的形式展示了不同环节对三种末端环境影响的贡献。

表 3.6 基于 Eco－indicator 99 的生命周期末端环境影响评估结果

类型	指标	单位	IGCC	UGCC	IGCC－CCS	UGCC－CCS
EQ	AC/NC	PDF × m^2 × a	7.41E－01	6.13E－01	9.67E－01	8.04E－01
	EC	PDF × m^2 × a	7.15E－01	4.94E－01	1.15E＋00	7.95E－01
	Total	PDF × m^2 × a	1.46E＋00	1.11E＋00	2.12E＋00	1.60E＋00
HH	CE	DALY	1.46E－06	1.42E－06	1.81E－06	1.73E－06
	CC	DALY	1.59E－04	1.37E－04	4.52E－05	5.23E－05
	OD	DALY	6.80E－14	1.18E－13	4.77E－13	5.25E－13
	RA	DALY	1.64E－07	2.76E－07	2.02E－07	3.31E－07
	IR	DALY	2.94E－05	2.26E－05	4.26E－05	3.23E－05
	OR	DALY	9.51E－09	8.51E－09	1.42E－08	1.21E－08
	Total	DALY	1.90E－04	1.61E－04	8.98E－05	8.67E－05
RE	FF	MJ	1.69E＋02	1.62E＋02	2.07E＋02	1.93E＋02
	MI	MJ	5.53E－02	7.90E－02	7.41E－02	9.89E－02
	Total	MJ	1.69E＋02	1.62E＋02	2.07E＋02	1.93E＋02

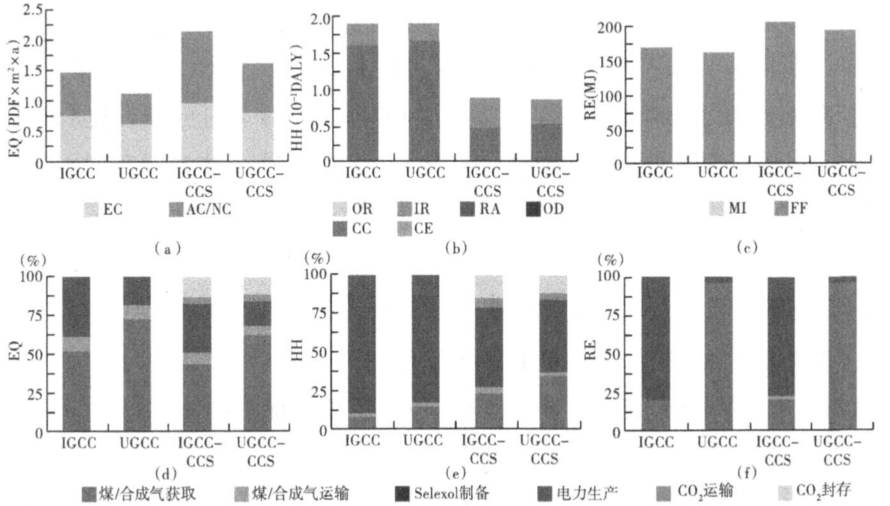

图 3.7 电厂各阶段末端环境影响评估结果

3.3.3.1 煤气化发电对 EQ 的影响

EQ 主要是指对生物多样性的损害，可以用特定时间、区域内物种潜在消失比例（Potentially Disappeared Fraction，PDF）来量化。由表 3.6可知，UGCC 电厂对 EQ 的损伤特征值为 1.11PDF × m^2 × a，表示 30 年内近 $1m^2$ 面积上的物种潜在消失比例为 3.7%，低于 IGCC 电厂的 4.9%。说明 UGCC 电厂对 EQ 损害相对较小。其中 AC/NC 和 EC 对 EQ 损害贡献各占 50% [见图 3.7（a）]。加装 CCS 后，两类电厂的 EQ 均上升了 45% 左右。图 3.7（d）展示了不同环节对 EQ 的贡献。燃料获取环节对 UGCC 电厂贡献高达 75%。除气化剂制备较高能耗外，地下气化过程也会释放一些有毒物质，如焦油和灰渣等。电厂环节对 EQ 贡献为 18.7%，源于该环节的直接排放。CO_2 运输和封存环节对 EQ 的损害也不容忽视，占比 17% 左右。

3.3.3.2 煤气化发电对 HH 的影响

HH 是指由环境问题引起的各种疾病以及非正常死亡而减少的人类寿命，以伤残调整生命年（Disability - Adjusted Life Years，DALY）作为度量单位。通过表 3.6 可以看出，UGCC 电厂的人类健康损伤特征值为 0.00016DALY，表示电厂生命周期内生产 1MWh 电力对人类健康的损伤程度。该特征值低于 IGCC 电厂。其中起主导作用的指标为 CC，占比约为 84% [见图 3.7（b）]。加装 CCS 后，HH 大幅下降，UGCC 电厂和 IGCC 电厂降幅分别为 46% 和 53%，主要源于 CO_2 大幅减少。可见 CCS 技术极大地降低了电厂对人类健康的损害。由图 3.7（e）可知，发电环节对 UGCC 电厂影响最大，原因在于电厂排放的 GHG 绝大部分来源于发电环节，这在中点环境影响评估中已做详细分析。CO_2 运输和封存环节对 UGCC 电厂和 IGCC 电厂的 HH 影响占比分别为 15% 和 20% 左右。

3.3.3.3 煤气化发电对 RE 的影响

RE 是指目前为满足将来提取矿产和化石能源所需要的剩余能源，用 MJ 作为度量单位量化资源能源的消耗程度。UGCC 电厂和 IGCC 电厂的 RE 损害特征值分别为 162MJ 和 169MJ。表明后辈开采同样数量的资源，IGCC 电厂额外消耗更多能源。其中 FF 对 RE 的影响占主导因素 [见图 3.7（c）]。加装 CCS 后，UGCC 电厂和 IGCC 电厂 RE 分别增加 19% 和 23%。由图 3.7（f）可发现，对 UGCC 电厂 RE 贡献最大的是燃料获取环节。造成这一结果的原因与 ADP_{fossil} 相似，不再赘述。需要说明的是，溶剂制备环节对末端类型的影响在整个生命周期过程中占比极小，其影响可忽略不计。原因在于 Selexol 溶剂大部分可以循环利用，使用量虽大，但实际消耗量却很少。

3.4 本章小结

UGCC 不仅是煤炭清洁利用的关键技术，也是实现电力行业节能减排的重要途径。全面了解 UGCC 电厂的环境性能，有助于尽量避免或减少该过程对环境造成的不利影响。本章基于构建的生命周期清单，建立了 UGCC 电厂生命周期模型，量化并评价了其在整个生命周期过程中对环境的影响和损害，并将其与 IGCC 电厂进行对比，得到以下结论：

（1）UGCC 电厂的冷气效率和净发电效率分别比 IGCC 电厂低 19.04% 和 7.01%；加装 CCS 后，UGCC 电厂净发电效率比 IGCC 电厂低 5.04%。

（2）UGCC 电厂的 GWP 和 ODP 分别比 IGCC 电厂高 16.9% 和 74%，其余中点环境影响均低于 IGCC 电厂。加装 CCS 后，两类电厂 GWP 值降幅为 71.00% 左右，其余中点环境影响均有不同程度的增加。UGCC 电厂的末端环境影响优于 IGCC 电厂，EQ、HH 和 RE 分别降低了 23%、15% 和 4%。部署 CCS 后，UGCC 电厂和 IGCC 电厂的 EQ 和 RE 均增加 45% 左右，但 HH 大幅下降，降幅分别为 46% 和 53%。

（3）气化剂制备高能耗和低合成气热值是 UGCC 电厂 GWP 相对较高的主要原因。除此以外，UGCC 电厂环境影响因素还包括运输过程合成气泄漏、发电环节的直接和间接排放以及 CCS 系统的能源惩罚等。

UGCC 项目不仅为电力行业节能减排提供了可行路径，对于保障煤炭行业可持续发展以及国家能源安全稳定也具有重要意义。基于上述结论，提出以下建议：

（1）对于不同电厂而言，急需解决的环境问题优先级有所差异。能源效率和 GHG 排放是 UGCC 项目重点关注的问题。可通过增强对 UCG 过程的监控、改善 UCG 过程通风条件以及保证气化剂的氧气浓度等途径，增强 UCG 合成气生成的稳定性并提高合成气热值。同时，应优化气化剂制备装置，如通过节能改造和优化操作，提高其有效能的利用率，降低气化剂制备装置的高能耗，从而减少污染物和温室气体的间接排放。

（2）除提供研发资金外，政府还可以通过财政激励手段，促进 UGCC

项目的发展。一方面为参与跨学科合作的企业和研究人员提供奖励，以促进具有不同专业背景的人员积极交流 UGCC 相关知识；另一方面应督促环境管理部门起草专门针对地下气化项目管理的文件，便于工作人员按照不同风险等级对 UCG 项目进行监控，最终将环境危害降至最低。

（3）UGCC－CCS 技术环境优势较为突出，尤其在气候变化和人类健康损害方面。随着 UCG 技术的成熟，UGCC－CCS 技术也将会受到电力部门的青睐，未来可将其看作低碳发展的储备策略之一，为碳密集型电力行业提供一种新型环保的煤炭资源利用方式。

4 UGCC - CCS 项目生命周期成本评价

4.1 引言

第2章、第3章分别从技术和环境的角度出发，评估了UGCC电厂生命周期能效和环境影响，明确了UGCC对于电力部门节能提效和提高环境质量的重要性，特别是部署CCS的电厂，可极大程度降低温室气体排放，有效缓解气候变化。从经济角度考虑，UGCC电厂通过UCG技术制取合成气用于发电，可节省煤炭开采、洗选、运输和地面气化炉开支，与IGCC电厂相比具有一定经济优势。随着地下煤气化技术日趋成熟以及环境约束愈加严格，中深部煤层逐渐成为主要发展目标。相对于浅部煤层而言，中深部煤层有诸多优势，例如，远离地表，可有效避免地表水污染；气化炉密闭性较好，可降低气体泄漏风险等。然而埋深越大，地层情况越复杂，不仅增加了施工难度，项目成本也随之上升，导致UGCC电厂发电成本上涨。对于企业而言，可能更注重电厂经济效益，只有在获取收益的情况下，企业才具有投资积极性，因此有必要从经济角度对UGCC电厂进行全面评估。

目前，关于UGCC成本的研究多为内部成本，即发电过程中直接产生的成本（如资本成本、运维成本、劳动力成本及其他管理成本等），环境外部效应并未从市场交易中得以反映，使发电引起的环境问题被弱化，生命周期成本评估结果较为片面。因此，为促使发电企业同时兼顾经济与环境效益，应将环境问题货币化并纳入生命周期成本，这意味着发电过程中引发的环境问题将由电厂分担或“内部消化”。该举措有利于政府和相关部门权衡经济发展和环境保护间的利益，从而确定最具成本效益和环境友好的解决方案。

根据已有文献报道，适用于 UCG 的煤炭储量规模和 UCG 合成气的应用市场是影响其商业化发展的两个主要因素。然而 UCG 对地质条件要求较高，有利于开展 UCG 的场地未必适合修建电厂。若电厂距离 UCG 场地位置较远，可能造成合成气储运成本升高，一定程度增加 UGCC 电厂运行成本。鉴于此种情况，研究合成气运输距离对 UGCC 电厂生命周期成本的影响有利于为电厂选址提供参考。

本章基于生命周期成本理论的方法，对 UGCC 电厂生命周期成本进行了评估，不仅包括内部成本和外部成本，还分析了合成气运输距离对 UGCC 电厂生命周期成本的影响，最后将结果与 IGCC 电厂进行对比，以衡量 UGCC 电厂成本竞争力。本章不仅可以弥补当前对 UGCC 项目多从成本核算的角度出发而忽略环境代价这一不足，还可以为 UGCC 电厂选址以及电力部门节能减排提供科学参考和依据。主要回答以下问题：①UGCC/UGCC-CCS 电厂生命周期成本如何以及与 IGCC 电厂相比是否具有成本竞争力？②外部成本及合成气运输距离对生命周期成本的影响如何？

4.2 方法模型与数据处理

4.2.1 情景设置与系统边界

4.2.1.1 情景设置

本章研究目标是 UGCC 和 IGCC 两类电厂的生命周期成本，由于 CCS 系统的加装会不可避免地增加电厂发电成本，考虑了电厂加装 CCS 情景。此外，对于 UGCC 电厂而言，因为将合成气运送到电厂的成本较高，为明确 UCG 场地与电厂之间距离对生命周期成本的影响程度，为电厂选址提供科学依据，所以对 UGCC 电厂设置了就近建厂和远距离建厂两种情景。本章考虑到燃料运输方式以及电厂与燃料供应地空间上的不匹配，共设置了 6 种可实施发电方案，如表 4.1 所示，情景 1 和情景 5 分别代表了 IGCC 和 UGCC 两种发电方案，其中煤炭和 UCG 合成气到电厂的运输距离为 500km，煤炭运输方式为铁路运输，而合成气采取管道运输的方式。情景 3

为就近建厂情景，假定合成气运输距离为 10km。其余情景为对应的 CCS 电厂。另外，尽管 UCG 与 CO_2封存场地具有极大地质相似性，具有就地封存 CO_2的可能，但为了比较的一致性，统一将 CO_2运输距离设定为 200km，运输方式为管道运输。煤炭组分与第 2 章一致，可参考表 2. 1。

表 4. 1　两类电厂情景设置

情景	电厂类型	燃料			CO_2		
		类型	运输距离	运输方式	封存方式	运输距离	运输方式
1	IGCC	煤炭	500 km	铁路	—	—	—
2	IGCC - CCS	煤炭	500 km	铁路	地质封存	200 km	管道
3	UGCC - 1	合成气	10 km	管道	—	—	—
4	UGCC - CCS - 1	合成气	10 km	管道	地质封存	200 km	管道
5	UGCC - 2	合成气	500 km	管道	—	—	—
6	UGCC - CCS - 2	合成气	500 km	管道	地质封存	200 km	管道

4. 2. 1. 2　系统边界

为保证研究结果的一致性，生命周期成本（LCC）评估采用了与 LCA 类似的系统边界，且功能单元仍为 1MWh 电力。之前的 LCA 研究主要关注产品生命周期各阶段能源和资源消耗以及污染物排放结果，而 LCC 是对产品生命周期所有成本的评估，这些成本由生产商、供应商或消费者等直接承担，包括由环境影响引起的外部成本。电厂生命周期过程主要包括以下几个单元：煤炭开采、煤炭洗选、煤炭运输、气化剂制备、煤炭地下气化、合成气净化、合成气运输、电厂能量转换以及 CO_2捕集、运输及封存。需要注意的是，配备 CCS 的 UGCC 和 IGCC 两类电厂在 CO_2捕集及运输环节略有不同（见图 4. 1）。UGCC - CCS 电厂把产出井收集到的合成气净化并分离出 CO_2后，将其余气体运往电厂发电，CO_2运输和封存环节归为电厂上游过程。而 IGCC - CCS 电厂则是将煤直接运往电厂，在被气化成合成气后，在进入燃气轮机前对 CO_2进行捕集，CO_2运输和封存环节位于电厂下游阶段。

4. 2. 1. 3　电厂流程

UGCC 电厂地面工程及配套设施与地上气化电厂基本相同，因此 UCG

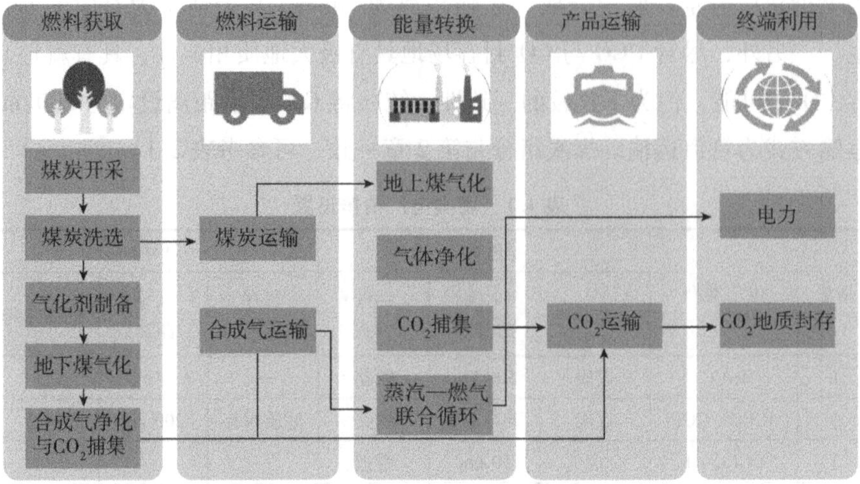

图 4.1　UGCC 电厂和 IGCC 电厂成本评估研究范围和系统边界

单元成为影响成本竞争力的主要单元，诸如气化炉选址、工艺选择及实施工作都会不同程度地影响地下气化过程的制气成本。UCG 工艺分为有井式和无井式两种，无井式更适用于开采经济性较差煤层以及深部煤层。本章中 UCG 工艺与前两章相同，即现代煤炭地下气化工艺，是在可控后退注入点（CRIP）技术的基础上，集成现代钻井技术、井下测量技术及先进装备的新型工艺。之所以选择该工艺，是因为其适用于埋深 1000m 以上的深部煤层，产出合成气稳定且品质较高，易满足下游终端产品对合成气的使用需求，是目前较为先进的技术工艺。图 4.2 显示了该工艺组成及 UGCC－CCS 电厂流程。UGCC－CCS 电厂流程已在第 3.2 节进行了详细介绍，在此不做赘述。

UCG 制气成本是电厂生命周期成本的重要组成部分，也是后续电力成本核算的基础，尤其是 UCG 单元气化炉的设计，直接影响着该单元的投资经济性。如图 4.2 所示，一个地下气化炉包括多个 UCG 单元，一个 UCG 单元由一个注入井、一个产出井以及多个气化通道组成，这些气化通道形成了一个气化工作面。单个地下气化炉可控制的煤炭资源越多，UCG 运行越经济。可气化的煤炭资源量与地下气化炉尺寸关系密切，因此有必要对地下气化炉设计相关参数做详细说明。

从经济角度考虑，为尽可能降低单位制气成本，需保证用于地下气化炉煤炭资源足够多，因此会对煤层厚度有一定要求。本节中假设煤层厚度

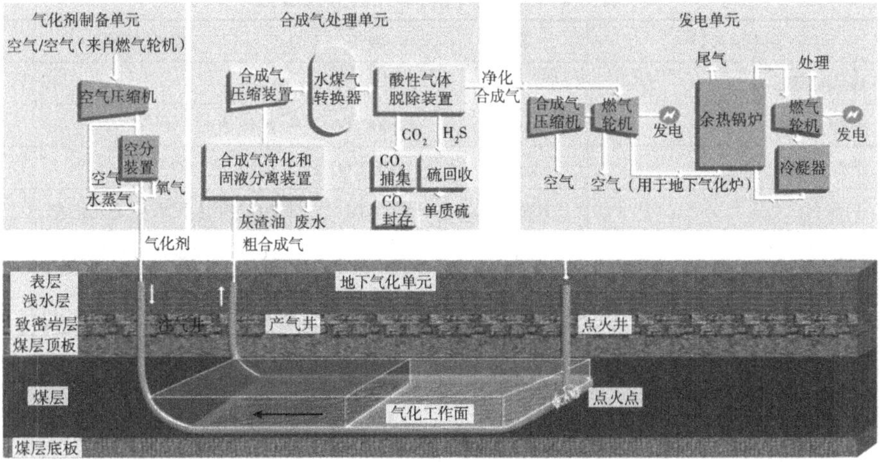

图 4.2 UGCC－CCS 电厂流程

为 5m，气化通道宽度为煤层厚度的 2 倍，即 10m。为了防止煤层气化后可能出现大规模坍塌，每个 UCG 单元之间需保留一定厚度的隔离煤柱。假设隔离煤柱厚度为 10m，则每个气化通道间距为 20m。气化炉的长度即气化工作面长度，由煤层水平钻井有效长度决定。假设水平钻井有效长度为 1200m，根据气化通道间距，可知一个地下气化炉包含 60 支水平井气化通道。若单个气化通道长度为 100m，且与注入井主井筒夹角为 90 度，则一个地下气化炉气化通道总长度为 6000m。气化炉宽度通常由注入井和产出井的井间距决定，等同于气化通道长度 100m。除此以外，地下气化炉为达到每日所需合成气产量，需要多个 UCG 单元同时运行。根据第 3 章电厂日耗煤量、冷气效率和燃料热值，可得到电厂每日所需合成气产量为 $10851 \times 10^3 m^3/d$，参考已有文献的单个 UCG 单元日产合成气速率 $1705 \times 10^3 m^3/d$，可知为完成每日合成气生产任务，需要 7 个 UCG 单元同时运行。考虑到设备故障等不确定因素，设置 2 个 UCG 单元作为备选，UGCC 电厂共需 9 个 UCG 单元。根据表 4.2 的假设条件，煤炭热值、合成气热值、一个 UCG 单元每日所需合成气产量可得到 UCG 单元日耗煤量和气化炉煤炭资源总量，最终可知单个 UCG 单元寿命为 795d。UCG 单元设计相关假设及其他详细参数见表 4.2。

表 4.2　到厂燃料成本关键假设参数

过程/参数	单位	数值	数据来源
煤炭获取			
原煤热值	kcal/t	5000.00	默认值
洗煤热值	kcal/t	6300.00	假设
汇率	RMB/ $	6.70	2017 年人民币兑美元汇率
坑口煤价格	RMB/t	205.42	2017 年内蒙古坑口煤均价
洗煤价格	RMB/t	16.65	[111]
洗煤效率	%	80.00	假设
煤炭运费	RMB/t	86.60	计算
煤炭运输距离	km	500.00	假设
合成气获取			
煤层厚度	m	5.00	假设
煤层深度	m	800.00	假设
电厂日合成气需求	$\times 10^3 m^3/d$	10851.00	计算
单个 UCG 合成气日产量	$\times 10^3 m^3/d$	1705.00	[74]
气化通道宽度	m	10.00	[77]
气化通道间距	m	20.00	[77]
单个气化通道长度	m	100.00	假设
单个 UCG 气化通道总长度	m	6000	计算
水平井有效长度	m	1200.00	假设
煤层密度	t/m^3	1.29	[74]
煤炭热值	MJ/kg	29.26	[168]
合成气热值	MJ/m^3	5.80	[168]
冷气效率	%	63.47	[168]
单个 UCG 日耗煤量	t/d	485.67	计算
单个 UCG 寿命	d	795	计算
UCG 总个数	integer	9	计算
单位钻井成本	$ /m	820.00	[74]
合成气运输距离	km	10/500	假设

4.2.2　生命周期成本

生命周期成本评估是一种重要的经济决策工具，可被用于量化整个项目或产品从原料获取、运输、产品加工、使用到废弃物处理阶段的所有成本，避免了只考虑某一阶段成本的片面观点。一个完整的生命周期成本不应仅局限于产品投入，还应关注产品在生产的整个生命周期过程中对环境、生态及公众健康的影响而产生的额外成本。因此，本研究中两类电厂的生命周期成本包括两部分：内部成本和外部成本。内部成本通常是指产品在整个生命周期阶段的所有成本，包括原材料、劳动力、能源、管理和税收等相关成本。外部成本是指为修复产品在生产、运输、使用和回收过程中对生态环境造成污染所需的费用总和，包括人类健康、环境排放等成本因素。生命周期成本计算方法见式（4.1）。

$$LCC = LCC_{IN} + LCC_{EX} \tag{4.1}$$

式中，LCC 指生命周期成本，LCC_{IN}指生命周期内部成本，LCC_{EX}指生命周期外部成本。

4.2.2.1 内部成本

生命周期内部成本主要包括资本成本、运维成本和燃料成本。本章中电厂功能单元为 1MWh 电力，为准确反映生产单位电力所需内部成本，引入了平准化度电成本（LCOE）这一指标。LCOE 不仅是一个衡量不同发电技术竞争力的指标，而且是一种广泛被认可且高度透明的电力成本计算方法。LCOE 可被用于评估发电技术经济可行性，结果可为国家制定能源管理政策以及利益相关者选择最具竞争力技术提供明确指导。内部成本计算方法如式（4.2）所示。

$$LCC_{IN} = LCOE = C_{CAP,i} + C_{O\&M,i} + C_{F,i} \tag{4.2}$$

式中，i 为单位电力；$C_{CAP,i}$ 为单位电力资本成本（\$/MWh）；$C_{O\&M,i}$ 为单位电力运维成本；$C_{F,i}$为单位电力燃料成本。

为了对内部成本进行更详尽的分析，这里将资本成本又细分为直接资本成本和间接资本成本，将运维成本分为固定运维成本和可变运维成本两部分。固定运维成本包括人工成本、管理成本、日常维护成本等，而可变运维成本包括资源消耗、电力、燃料和废弃物处理成本等。此外，为明确电厂上游环节所有成本，这里将燃料成本从可变运维成本中单独分离出来。资本成本和运维成本的计算方法分别见式（4.3）和式（4.4）。式（4.3）中 FCF 为固定费用因子，是电厂为满足最低年收入要求所需的总资本成本的百分比，通过该参数可将电厂的总资本成本平均分摊到电厂运营期间的每一年。

$$C_{CAP,i} = \frac{(C_{CAP}^{DI} + C_{CAP}^{IN}) \times FCF}{8760 \times CF \times NP} \tag{4.3}$$

$$C_{O\&M,i} = \frac{C_{FO\&M} + C_{VO\&M}}{8760 \times CF \times NP} \tag{4.4}$$

式（4.3）和式（4.4）中，C_{CAP}^{DI}为直接资本成本，C_{CAP}^{IN}为间接资本成本，FCF 为固定费用因子，CF 为电厂容量因子，NP 为电厂净输出功率。$C_{FO\&M}$为年度固定运维成本，$C_{VO\&M}$为年度可变运维成本。

到厂燃料成本是指煤炭和合成气从获取、洗选或净化处理后被运往电厂的整个过程所需成本总和。为简化计算，本章利用到厂燃料成本反映电厂上游环节的全部成本，计算方法如式（4.5）所示。

$$C_{F,i} = FC \times P_{df} \tag{4.5}$$

式中，FC 为单位电力煤炭消耗量或合成气消耗量，P_{df}为到厂燃料成本。

鉴于两类电厂燃料类型有所差异，分别为煤炭和合成气，燃料成本组成也不完全相同，此处分别进行说明。到厂煤炭成本由煤炭获取成本和运输成本两部分组成，见式（4.6）。为尽可能降低燃料成本，本章选取坑口煤价格计算煤炭获取成本，方法如式（4.7）所示。根据我国《铁路货物运价规则》，货物运输成本主要包括铁路货物运价、铁路建设基金和货运杂费三种。其中，货运杂费是根据运输条件和货主要求由企业自主制定的，为简化计算，没有考虑该部分费用支出。因此，本章煤炭运输成本包括基价 1、运行基价 2 和铁路建设基金三部分，计算方法见式（4.8）。

$$C_{dc} = C_{ac} + C_{tc} \tag{4.6}$$

$$C_{ac} = \frac{7000 \times (P_{pc} + P_{wc})}{6300 \times E_{wc}} \tag{4.7}$$

$$C_{tc} = 18.6 + (0.103 + 0.033) \times D_c \tag{4.8}$$

式（4.6）至式（4.8）中，C_{dc}为到厂煤炭成本，C_{ac}为煤炭获取成本，C_{tc}为煤炭运输成本，P_{pc}为 2017 年内蒙古坑口煤均价，P_{wc}为洗选煤价格，E_{wc}为煤炭洗选效率，D_c为煤炭到电厂运输距离。

到厂合成气成本由井口合成气生产成本、合成气净化成本和合成气运输成本三部分构成，见式（4.9）。其中，井口合成气生产成本包括钻井、空分和空气压缩成本。钻井资本成本是根据表 4.2 的假设参数计算而得，运维成本被设定为资本成本的 10%。空分装置成本数据源于已建立的 IECM 模型，详细参数见表 3.1。空气压缩装置资本成本计算方法采用欧盟委员会提出的“规模指数法”，选取的 UGCC 参考电厂装机容量为 100MW，空气压缩装置成本为 13.46M＄，规模转化因子取值 0.6。参考已有文献方法，最终得到 UGCC 电厂 2017 年空气压缩装置成本。合成气净化成本取决于脱硫装置成本，其资本和运维成本源于 IECM，计算方法如式（4.11）所示。合成气运输成本根据气体运输量和运输距离计算而得，方法参考相关文献。

$$C_{ds} = C_{ws} + C_{ps} + C_{ts} \tag{4.9}$$

$$C_{ws} = \frac{C_{DC} + C_{ASU} + C_{AC}}{365 \times CF \times SPR} \tag{4.10}$$

$$C_{ps} = \frac{C_{SR}}{365 \times CF \times SPR} \tag{4.11}$$

式（4.9）至式（4.11）中，C_{ds}为到厂合成气成本，C_{ws}为井口合成气成本，C_{ps}为合成气净化成本，C_{ts}为合成气运输成本，C_{DC}为钻井总成本，C_{ASU}为空分装置总成本，C_{AC}为空气压缩装置总成本，SPR 为 UGCC 电厂每日所需合成气产量，C_{SR}为脱硫装置总成本。

4.2.2.2 外部成本

外部成本研究的目的在于将多维环境问题转化为一维货币单位，定量阐明发电技术在生命周期过程中对环境影响的相对价值。鉴于数据可获得性，本章仅考虑因大气排放物（包括 CO_2、CH_4、SO_2、NO_x和 PM）产生的环境成本。基于时间及地域差异，不同研究工作涉及的污染物排放成本并不完全一致，本章参考已有文献，电厂在整个运营过程中的外部成本包括：温室气体排放导致全球变暖的代价成本和污染物排放对生态环境和公众健康的损害成本，如式（4.12）所示。

$$LCC_{EX} = EC_{GHG} + EC_{EP} \tag{4.12}$$

式中，EC_{GHG}是指因温室气体排放产生的外部成本，EC_{EP}表示 SO_2、NO_X和 PM 排放的外部成本。

温室气体排放外部成本是指在生命周期过程中电厂产生的大量 CO_2和 CH_4排放到空气中，导致全球变暖的经济性影响。为了度量电厂引起的温室效应，将 CO_2 当量作为比较不同温室气体排放的度量单位，根据 IPCC 第六次评估报告，CH_4的增温潜力值是 CO_2的 27 倍。本章采用碳交易价格作为衡量温室气体排放产生的环境成本，我国碳市场交易价格为 50CNY/t，按照 2017 年美元兑人民币汇率，得到单位温室气体排放成本为 0.0075 $/kg。温室气体外部成本计算方法见式（4.13）。

$$EC_{GHC} = (EM_{CO_2} + 28EM_{CH_4}) \times P_{CO_2} \tag{4.13}$$

式中，EM_{CO_2}和 EM_{CH_4}分别是电厂生产单位电力的 CO_2和 CH_4排放量，P_{CO_2}为我国 2021 年碳市场交易价格。

污染物排放外部成本是指 SO_2、NO_X以及 $PM_{2.5}$排放造成的经济损失［见式（4.14）］。电厂在运营过程中排放的 SO_2和 NO_X可能会带来土壤、水体生态系统损害以及周围农作物减产等一系列环境影响。为消除这些负面影响，国家对企业实行排污收费制度，但征收费用远不足以弥补后期为修复环境所产生的实际费用。基于此，本章将污染物环境损害成本作为量化环境损失价值量的指标，由污染者买单，以促使其提高管理水平，减少污染物排放。SO_2、NO_X环境损害成本是由年度排污费除以排污费占环境损害成本的比例因子计算而得。此外，许多研究已证实，PM 暴露会增加患呼吸、心血管和脑血管疾病的风险，甚至导致肺癌、出生缺陷和过早死亡等。鉴于 PM 排放的外部性主要表现为对公众健康的影响，可基于人力资本法或意愿支付法，用公众健康损害成本来反映其外部性。本节的污染物排放对生态环境和公众健康的损害成本计算方法参考已有文献，将其统一折算为2017 年美元价，得到SO_2和 NO_X的环境损害成本为2.94 $/kg，PM 的公众健康损害成本为 32.84 $/kg。$SO_2$、$NO_X$和 PM 的环境外部成本计算方法如式（4.15）和式（4.16）所示。

$$EC_{EP} = EC_{SO_2,NO_X} + EC_{PM} \tag{4.14}$$

$$EC_{SO_2,NO_X} = EM_{SO_2} \times V_{SO_2} + EM_{NO_X} \times V_{NO_X} \tag{4.15}$$

$$EC_{PM} = EM_{PM} \times HE_{PM} \tag{4.16}$$

式（4.14）至式（4.16）中，EC_{SO_2,NO_X}表示 SO_2和 NO_X的外部成本，EM_{SO_2}、EM_{NO_X}和 EM_{PM}分别为电厂生产单位电力的 SO_2、NO_X和 PM 排放量，V_{SO_2}和 V_{NO_X}分别为每排放单位 SO_2和 NO_X的环境损害成本，HE_{PM}是每排放单位 PM 的公众健康损害成本。

4.3 结果分析

4.3.1 内部成本分析

4.3.1.1 到厂燃料成本

到厂燃料成本包括燃料获取、处理及运输环节相关成本，基于已构建的成本核算模型，得到 IGCC 到厂燃料成本为 1.95 \$/GJ，UGCC 到厂燃料成本分别为 7.81 \$/GJ 和 10.83 \$/GJ，结果如图 4.3 所示。此外，从图 4.3 中还可以看出，UGCC - 2 到厂燃料成本为 IGCC 电厂的 4 倍，究其原因，一方面是燃料获取环节空分和空气压缩装置的高能耗导致大量电力消耗，间接增加了合成气生产成本；另一方面是 UCG 过程冷气转化效率不高，较低的合成气热值导致单位电力燃料消耗较多。而相比于 UGCC - 2 电厂，IGCC 电厂上游燃料成本主要由煤炭开采成本决定。我国煤炭开采技术已处于世界领先水平，机械化程度和全员效率在不断提高，煤炭企业也在采取各种措施以降低成本开支，煤炭获取价格较其他能源已处于低位。就运输环节而言，UGCC - 2 和 IGCC 电厂运输成本分别占总成本的 28.16% 和 21.78%，该环节成本也不容忽略。加装 CCS 后，IGCC 到厂燃料成本保持不变，而 UGCC 电厂有所上升，分别为 8.41 \$/GJ 和 12.46 \$/GJ。原因在于，增设 CCS 系统使合成气获取环节的空分和空气压缩装置能耗大幅增加，而煤炭获取成本并未受到影响。此外，合成气运输距离对 UGCC 到厂燃料成本影响显著，UGCC - 2 电厂相比于 UGCC - 1 电厂而言，到厂燃料成本增加了 39%。

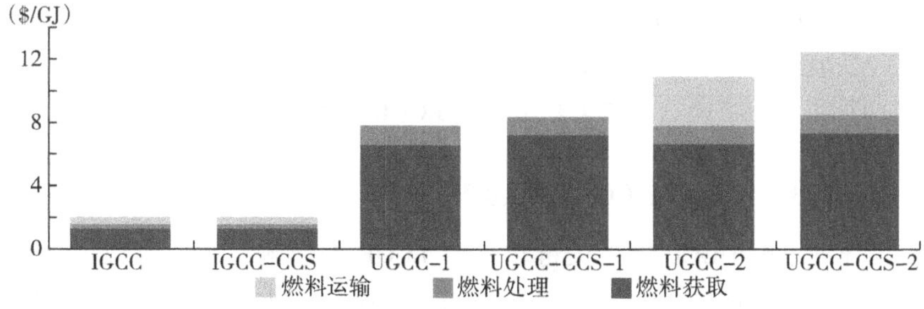

图 4.3 各情景到厂燃料成本

4.3.1.2 平准化度电成本（LCOE）

生命周期电力成本可细分为直接资本成本、间接资本成本、固定运维成本、可变运维成本以及燃料成本。从图 4.4 中可直观看出，UGCC－1 电厂和 UGCC－2 电厂的 LCOE 分别为 40.91 $/MWh 和 53.21 $/MWh，比 IGCC 电厂分别低 42% 和 25%。通过对各成本组成深入分析可发现，燃料成本占比高达 75% 以上，是影响 UGCC 电厂 LCOE 的主要因素。而在 IGCC 电厂中，资本成本是关键影响因素，占比达 60%。IGCC 电厂地面气化炉的高成本是导致资本投入较多的主要原因。UGCC 电厂燃料成本较高的原因已在上节详细说明，此处不再重复。CCS 情景中，能源惩罚和捕集溶剂消耗增加了可变运维成本，间接导致两类电厂的燃料成本和资本成本有所下降，但仍占半数以上。合成气运输距离增加使得 UGCC 电厂的 LCOE 从 40.91 $/MWh 上升到 53.21 $/MWh，UGCC－CCS 电厂则从 77.60 $/MWh 上升到 88.84 $/MWh，可见运输距离对电厂 LCOE 有较大影响，因此煤电资源丰富地区为 UCG 项目优选场地，避免远距离运输引起的外购电成本上升。需要注意的是，未加装 CCS 的 UGCC 电厂的可变运维成本为负值。通过对模型成本数据深入挖掘发现，电厂环节生产的一部分电力为电厂自用，这在一定程度降低了电厂总电力成本的支出，当燃料成本从可变运维成本分离后，可变运维成本可能为负值。

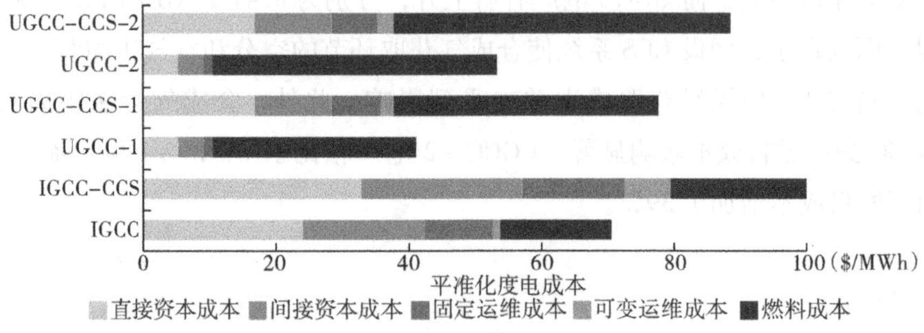

图 4.4 各情景 LCOE 组成

4.3.1.3 LCOE 及 CCS 成本分解

为详细了解 UGCC 电厂关键单元对 LCOE 的影响，本研究以 UGCC－CCS－2 为例，对电厂的 LCOE 进行了成本分解。从图 4.5 中可明显看出，对 LCOE 贡献较大的四个单元依次为 CO_2 捕集（CCP）、空分（ASU）、燃

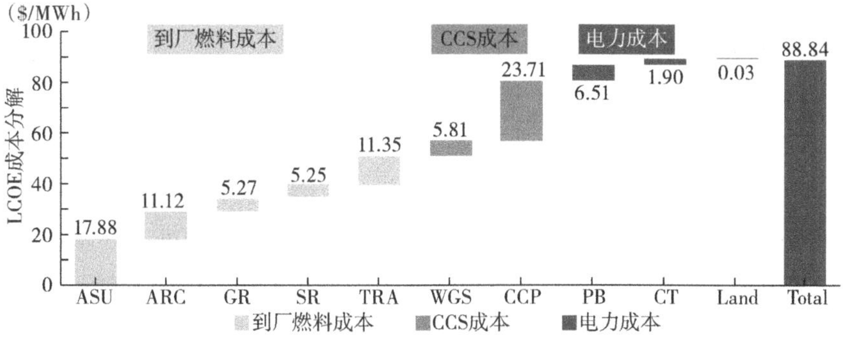

图 4.5 UGCC－CCS－2 电厂发电成本分解

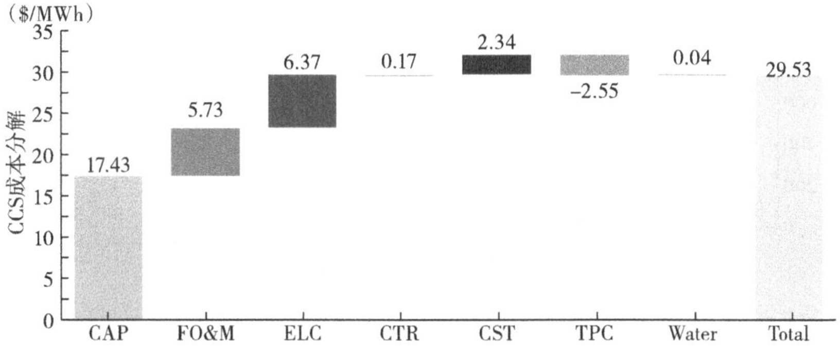

图 4.6 UGCC－CCS－2 电厂 CCS 成本分解

料运输（TRA）及空气压缩（ARC）单元，约占总电力成本的 72%。这与 CCS 较高的能耗强度、空分及空气压缩装置的能源密集以及管道运输的高成本直接相关。除此以外，煤炭气化（GR）、合成气净化（SR）、水煤气转换（WGS）、发电（PB）及 CO_2 运输（CT）单元对 LCOE 的影响虽较低，但也不容忽视，总占比超过 20%。这主要得益于这些技术目前较为成熟，且装置的资本投入较低。

鉴于 CCS 系统的高成本投入，本章还专门针对该部分成本进行了详细分析。从图 4.6 中可看出，资本成本（CAP）对 CCS 系统的影响最为显著，约占总成本的 2/3，取决于 CO_2 捕集溶剂的吸收装置和水煤气转换单元的热交换反应器资本投入较大。电力成本（ELC）与固定运维成本（FO&M）影响次之，分别占总成本的 21.57% 和 19.40%。其他单元，如 CO_2 运输（CTR）和封存（CST）单元成本占比均小于 10%。需要注意的是，售电成本（TPC）为负值，主要因为水煤气转换过程为放热反应，产生的热量可为自身提供能量，一定程度降低了电厂能耗，从而节省了电力成本，可视为电厂收益。

4.3.2 外部成本分析

为进一步约束电厂对环境污染物的排放，有必要将环境问题货币化并对外部环境成本进行详细分析。鉴于水及固体废弃物污染对环境影响较小，且数据获取难度较大，本章仅考虑了大气污染物排放引起的环境外部成本，主要包括 CO_2、CH_4、SO_2、NO_X和 PM。

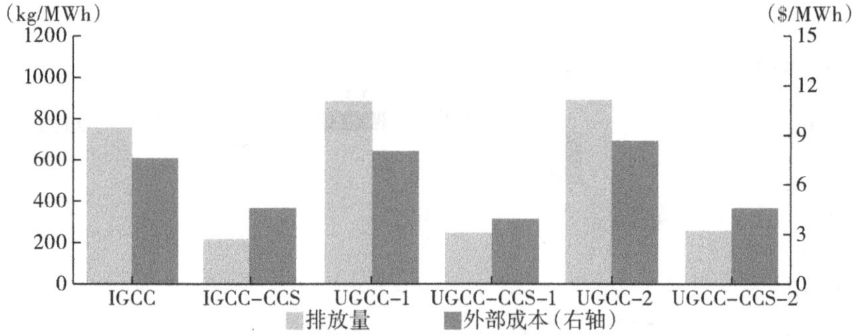

图 4.7 各情景污染物排放量及外部成本

表 4.3 不同大气排放物单位排放量

不同气体排放量	CO_2	CH_4	SO_2	NO_X	PM	外部成本
	kg/MWh	kg/MWh	kg/MWh	kg/MWh	kg/MWh	$/MWh
IGCC	7.57E+02	6.99E-02	1.11E-01	1.04E-01	4.02E-02	7.64
IGCC-CCS	2.13E+02	1.00E-01	1.51E-01	1.35E-01	6.44E-02	4.57
UGCC-1	8.84E+02	7.13E-02	8.25E-02	8.52E-02	2.62E-02	8.01
UGCC-CCS-1	2.45E+02	9.60E-02	1.10E-01	1.12E-01	4.26E-02	3.91
UGCC-2	8.89E+02	8.57E-02	9.69E-02	9.69E-02	4.06E-02	8.59
UGCC-CCS-2	2.51E+02	1.13E-01	1.27E-01	1.26E-01	5.98E-02	4.61

表 4.4 UGCC-CCS 电厂不同环节温室气体和污染物排放量

不同阶段排放量	CO_2	CH_4	SO_2	NO_X	PM	合计
	kg/MWh	kg/MWh	kg/MWh	kg/MWh	kg/MWh	
燃料获取	4.00E+01	7.99E-02	7.52E-02	6.67E-02	3.06E-02	40.26
燃料运输	6.26E+00	1.75E-02	1.74E-02	1.43E-02	1.75E-02	6.33

续表

不同阶段排放量	CO_2	CH_4	SO_2	NO_X	PM	合计
	kg/MWh	kg/MWh	kg/MWh	kg/MWh	kg/MWh	
发电	1.68E+02	4.31E-03	2.27E-02	3.58E-02	3.57E-04	167.58
CO_2运输	1.24E+01	2.94E-03	2.93E-03	2.40E-03	2.95E-03	12.44
CO_2封存	2.50E+01	8.34E-03	8.31E-03	6.79E-03	8.34E-03	25.07

图 4.7 展示了不同情景大气排放物的排放总量和外部成本。IGCC、UGCC－1 和 UGCC－2 电厂单位电力外部成本依次为 7.64 $/MWh、8.01 $/MWh 和 8.59 $/MWh。第 3 章的环境影响评估结果表明 UGCC 电厂的污染物排放低于 IGCC 电厂，但 CO_2排放较多，且占到总排放量的 90% 以上（见表 4.3），导致 UGCC 电厂外部成本偏高。然而，加装 CCS 后，两类电厂 CO_2排放差距显著缩小，此时 UGCC－CCS－2 与 IGCC－CCS 电厂外部成本相当（4.61 $/MWh VS 4.57 $/MWh）。CCS 的增设使得电厂外部成本降低，降幅区间在 40% ～51%。因此，控制 CO_2排放成为降低 UGCC 电厂生命周期外部成本的关键。由于本章中所有电厂大气排放物在不同环节占比类似，以 UGCC－CCS－2 电厂为例，识别 CO_2的高排放环节，以便为后期电厂改进提供参考。表 4.4 列出了电厂不同环节的排放数据，可明显看出排放的 CO_2主要来自发电环节，其次是燃料环节。发电环节是控制 CO_2排放的关键环节，可通过优化地下气化过程的方式，进一步提高合成气热值，从而减少发电环节的燃料消耗。此外，若不考虑合成气运输距离，UGCC－CCS 电厂外部成本可进一步降低为 3.91 $/MWh，且低于 IGCC 电厂。可见，合成气近距离运输产生的环境效益可一定程度抵消 UGCC 电厂温室气体排放较高的劣势，应尽可能结合地质条件，考虑在 UCG 场地附近修建电厂。

4.3.3 生命周期成本分析

从图 4.8 中可看出，UGCC－2 电厂的生命周期成本为 61.80 $/MWh，与 IGCC 电厂相比，降低了 21.06%，说明 UGCC 电厂比 IGCC 电厂更具成本竞争力。从成本构成来看，内部成本和外部成本分别占总成本的 86.1% 和 13.9%，内部成本是影响生命周期成本的主导因素。加装 CCS 后，两类电厂外部成本几乎降为原来的 1/2，且不超过生命周期成本的 5%。可见，

CCS 加装对于降低电厂外部成本显得尤为重要，一定程度弱化了外部成本对生命周期总成本的影响。而且电厂部署 CCS 后，内部成本和外部成本呈现截然相反的变化趋势。在外部成本下降的同时，电厂能耗增加，内部成本骤然上升，几乎变为原来的 1.5 倍左右，然而外部成本的降低不足以抵消由 CCS 系统高能耗导致的内部成本增加，最终生命周期总成本升高。此外，合成气运输距离对生命周期成本也有一定影响，与 UGCC - 2 电厂相比，UGCC - 1 电厂生命周期成本降低了 20.86%，加装 CCS 后，相应的成本降幅为 12.78%。

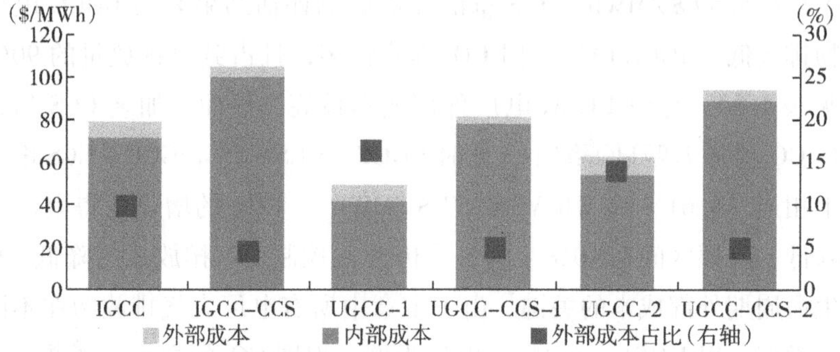

图 4.8　不同情景生命周期成本和外部成本占比

4.3.4　敏感性分析

电厂在生命周期运营过程中涉及多个环节和利益相关方，在对其进行成本评估时，由于数据假设和来源差异，难免会引入不确定性。敏感性分析作为评估模型输入参数对结果影响的工具，起到了验证模型有效性和降低不确定性的作用。因此，本节以 UGCC - CCS - 2 电厂为例，对其进行敏感性分析，以确定影响电厂经济性的关键参数，并量化参数值的变化对成本的影响程度。主要从到厂燃料成本、内部成本和外部成本三个方面展开，通过折线图的形式反映关键指标参数对成本的敏感程度。

电厂上游环节关键参数对到厂燃料成本的影响如图 4.9（a）所示，合成气运输距离是主要影响因素，这意味着在客观条件允许的情况下，下游电厂的选址应尽可能位于 UCG 场地附近。单位钻井成本影响次之，钻井成本受钻井深度、工艺以及施工周期等多方面因素影响。建议通过与石油行业进行跨部门合作，集成先进石油钻井工艺等方式尽可能降低钻井成本。

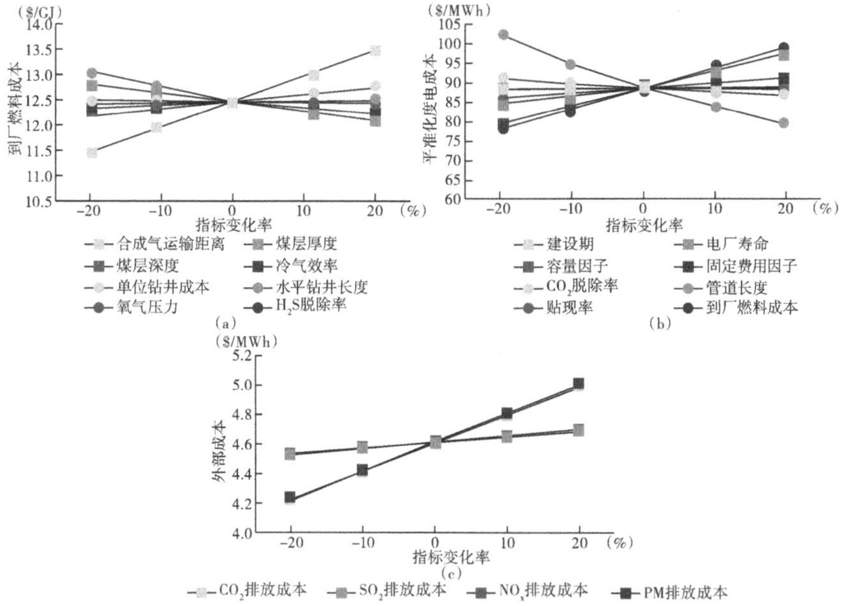

图 4.9　UGCC－CCS 电厂到厂燃料成本（a）、LCOE（b）及外部成本（c）敏感性分析

煤层厚度和冷气效率对到厂燃料成本存在显著负相关关系。利用低阶、较厚煤层资源，并有针对性地调整和优化地下气化过程以提高合成气热值，可有效降低燃料生产成本。

影响电厂 LCOE 的参数表现出了两种相反的变化趋势，见图 4.9（b）。按重要性排序，到厂燃料成本和固定费用因子是对 LCOE 最为敏感的正向影响因素。到厂燃料成本受多方因素影响，前文已详细分析，在此不做赘述。对于固定费用因子，可通过调整利率、税率等指标，一定程度减少项目资本支出。从图中还可看出，对 LCOE 影响显著的负向因素是电厂容量因子，电厂容量增加会较大程度降低其电力成本，故政府可通过优化电网结构来增加电厂运行时间。

图 4.9（c）反映了不同大气排放物的单位排放成本对外部成本的影响。从图中可看出，对外部成本产生主要影响的两个参数是 CO_2 和 PM 的排放成本。尽管单位 CO_2 排放成本较低，但电厂 CO_2 排放量巨大，因此其排放价格变动对外部成本十分敏感。PM 对外部成本影响较大的原因在于其对公众健康影响造成的损害成本较高。此外，SO_2 和 NO_X 的排放成本变

化对外部成本影响较弱。

4.4 本章小结

中国电力行业亟须朝着节能低碳方向转型，目前，市场上 IGCC 电厂由于高额资本投入，未能被大规模推广应用。为了更好地发展更具成本竞争力的 UGCC 技术，有必要对其生命周期成本进行详细评估。本章根据已构建的生命周期成本模型，估算了 UGCC 电厂的内部成本、外部成本以及生命周期总成本，对影响成本的关键参数进行了敏感性分析，并将结果与 IGCC 电厂进行对比。得到如下结论：

（1）UGCC - 1 电厂和 UGCC - 2 电厂的生命周期成本分别为 48.91 \$/MWh 和 61.80 \$/MWh，与 IGCC 电厂相比，分别降低了 37.53% 和 21.06%。从生命周期成本的角度考虑，UGCC 电厂更具成本竞争力。部署 CCS 后，UGCC 电厂外部成本下降，内部成本上升，生命周期总成本主要受内部成本影响，分别上升了 23.78% 和 18.96%。

（2）UGCC - 1 电厂和 UGCC - 2 电厂外部成本对生命周期成本的贡献分别为 16.35% 和 13.90%，对生命周期成本影响仍不容忽视。部署 CCS 后，外部成本在生命周期成本中占比低于 5%。可见，CCS 加装可有效降低外部成本以及对生命周期总成本的影响。

（3）合成气运输距离对电厂生命周期成本的影响不容忽视。在加装 CCS 和未加装 CCS 两种情况下，UGCC - 2 电厂比 UGCC - 1 电厂生命周期成本分别增加 14.66% 和 26.35%。此外，燃料运输距离对内部成本作用明显，而对外部成本影响较小。

基于上述结论，关于 UGCC 的未来发展可提出以下几点建议：

（1）与 IGCC 电厂相比，UGCC 电厂具有更低的生命周期成本。从成本构成来看，内部成本优势明显，但外部成本略高。因此，就外部成本问题，建议政府应有节制地发展 UGCC 项目，通过向企业征收环境税、出台排放权交易等方式，促使企业加强环境管理，降低外部成本。

（2）随着合成气运输距离增加，UGCC 电厂生命周期成本不断上升，尽管比等距离运输条件下的 IGCC 电厂具有成本竞争力，但仍应尽可能避免合成气远距离运输，以便降低电厂的内部成本和外部成本。鉴于 UCG 过程的复杂性和对地质条件的较高要求，在附近修建电厂除了考虑成本因素，还应综合考虑各种因素，如技术条件、环境影响等。

（3）为了使 UGCC 项目兼具良好的经济效益和环境效益，早日实现大规模商业化发展，可从以下几个方面进一步优化生命周期成本：通过技术创新，缩短钻井周期，以降低单位钻井成本；利用较厚煤层，减少地下气化炉建设数量；增加 O_2 浓度，提升冷气效率以及优化气化剂制备装置，尽可能减少因电力消耗引起的 CO_2 高排放。

5 UGCC - CCS 项目投资决策评估

5.1 引言

前文分别从能效、环境和经济的角度对 UGCC 电厂的多项指标进行了系统评估，可知 UGCC 电厂无论在能源效率还是在成本方面均优于 IGCC 电厂，尽管目前 UGCC 电厂 GHG 排放略高于 IGCC 电厂，但随着地下气化技术的不断发展和改进，能源效率进一步提高，GHG 排放将低于 IGCC 电厂。尤其是配备了 CCS 系统的 UGCC 电厂，有望成为保障能源安全、有效降低 GHG 排放的化石能源发电新路径。

碳中和目标下，UGCC - CCS 技术在电力行业应用较为迫切，但示范项目的发展与技术需求并不匹配。迄今为止，我国尚无 UGCC - CCS 商业化示范项目，由于 UGCC - CCS 发展面临较大的不确定性，例如前期投资会受高资本成本、潜在的技术风险、市场定价机制、碳交易机制、政策变化以及技术进步等多方面因素影响，使投资者对 UGCC - CCS 的投资前景难以做出准确且合理的判断。目前关于 UGCC 电厂投资可行性研究多从发电成本、内部收益率等角度出发，投资者只能在项目投资初期做出决策，这不仅失去了不确定性因素带来的机会价值，低估了电厂投资的上行潜力，同时也忽略了电厂管理的柔性价值。事实上，未来投资项目的不确定性越大，战略价值就越大，因此可充分利用其上行潜力，限制下行损失，充分挖掘项目投资的真实价值，以使项目评估结果更为客观合理。

近年来，国家对地下煤气化技术的发展也愈加重视。《能源技术革命创新行动计划（2016—2030 年）》明确表示，争取在 2030 年实现地下气化技术的工业化示范。基于此，本章主要回答以下问题：①UGCC－CCS 电厂在当前技术和市场条件下投资是否具有经济效益？电厂不同运营模式，即电厂负责 CCS 全流程和只负责捕集环节分别如何影响电厂投资效益以及最佳投资时机？②不同政府补贴模式对电厂投资效益影响如何？在相同支出水平下，哪种补贴模式效果更好？

为解决上述问题，本章结合当前电力行业政策背景，考虑了 UGCC－CCS 的不同运营方式，提出了可能存在的政府补贴模式，基于建立的实物期权三叉树模型，讨论了不确定因素影响下采用不同补贴模式对 UGCC－CCS 电厂投资收益的影响，明确了最佳投资时机，并对关键参数进行了敏感性分析。

5.2 方法模型与数据处理

UGCC－CCS 项目是一个庞大的技术集群，目前该项目研究仍处于中试阶段，尚未商业化应用，存在较多不确定因素。本章重点关注 UGCC－CCS 项目在不确定性因素影响下的投资决策问题。考虑到 UGCC－CCS 项目具有投资成本不可逆、投资时间灵活、投资回报不确定性高以及受国家政策影响较大等特点，选取了实物期权方法对项目投资收益进行评估和分析。模型中涉及的不确定因素包括碳价波动的不确定性以及技术进步导致的 UGCC 单位电力成本下降和 CCS 资本成本降低。需要强调的是，尽管煤炭是获取合成气的重要燃料来源，但地下气化技术是就地利用煤炭资源，燃料成本主要源于钻井、合成气净化及运输，煤炭价格变化对燃料成本影响极小，因而未将煤炭价格波动纳入不确定因素范围。

5.2.1 实物期权

实物期权方法充分考虑并量化了项目投资的机会成本，当市场情况不确定性较大时，项目投资者可选择等待以规避潜在市场风险，从而使利益最大化。实物期权方法下的项目总投资价值可表示为：

$$TIV = NPV + ROV \tag{5.1}$$

式中，TIV 为项目总投资价值，NPV 为净现值，ROV 为延迟投资产生的期权价值。在这里，延迟投资期权相当于美式期权，决策者对项目投资时间节点的选择具有极大灵活性，可以根据市场变化及时做出调整，既能规避项目风险，又不至于错失不确定性带来的机会价值。基于延迟实物期权的项目投资决策规则如表 5.1 所示。

表 5.1　基于延迟实物期权的项目投资决策规则

NPV	TIV	项目投资决策
NPV >0	TIV > NPV	执行期权延迟投资
NPV >0	TIV = NPV	放弃期权立即投资
NPV≤0	TIV >0	执行期权延迟投资
NPV <0	TIV =0	放弃投资

5.2.2　NPV 和 TIV

5.2.2.1　基本假设

为了简化讨论 UGCC – CCS 项目投资的经济效益，我们做出如下假设：

（1）UGCC – CCS 电厂寿命为 30 年，项目建设期为 3 年，建设基准年为 2022 年。期权持有期为 10 年。

（2）UGCC 电厂加装 CCS 系统后捕集的 CO_2 量为核证减排量，可用于项目交易，参与碳交易市场。

（3）本研究采用 45Q 政策作为 CCS 激励方式，为简化计算难度，CO_2 驱油和封存补贴额度取最高补贴值，分别为 35 美元/吨 CO_2 和 50 美元/吨 CO_2，且均无补贴期限的限制。

（4）若电厂只负责碳捕集，石油公司负责运输和封存，两者约定所得碳交易收益归电厂，驱油补贴归石油公司所有。若电厂负责 CCS 全流程，则可获得所有封存补贴。

5.2.2.2　UGCC – CCS 电厂投资的 NPV 和 TIV

根据国外 CCS 商业模式应用案例，CO_2 的运输和封存业务可以由不同主体承担，比如电厂、石油公司等。若 UGCC 电厂负责 CCS 全流程，可以最大限度降低合约风险，却增加了投资成本。若 UGCC 电厂只负责 CO_2 捕集，而运输和封存业务由石油公司承担，石油公司可利用其专业优势将技术风险降到最低。不同运营方式的选择对 UGCC – CCS 电厂收益和支出成本有直接影响，从而影响到项目总净收益，应分情况计算电厂的 NPV 和 TIV。

若电厂只负责 CO_2捕集，不负责运输和封存，并将捕集的 CO_2卖给石油企业用于驱油，其项目收益包括：核证减排量碳收益、售电收入、向石油企业出售 CO_2收益；支出包括：UGCC 电厂发电成本、CCS 改造资本成本、运维成本、额外能源消耗成本。电厂总净收益可表示为：

$$TNB_{uc} = CER_u \times P_c + (P_e - P_{un}) \times Q_e + P'_e \times Q_e + P_{co_2} \times Q_{cc} - P_e \times Q_l - I_{ccs} - C_{O\&M}^{ccs} \tag{5.2}$$

式中，TNB_{uc}为电厂总净收益；CER_u为 CO_2核证减排量；P_c为碳价；P_e为上网电价；P_{un}为单位电力成本，会随着技术进步而降低；Q_e为脱碳发电量；P'_e为上网电价补贴；P_{co_2}为 CO_2出售价格；Q_{cc}为年度 CO_2捕集量；Q_l为额外能耗引起的损失电量；I_{ccs}为 CCS 设备资本成本，随着技术进步而降低；$C_{O\&M}^{ccs}$为 CCS 设备年度运维成本，并不受时间变化影响。

假设 UGCC 电厂寿命为 τ_2，UGCC - CCS 项目投资在延迟投资期内的 τ_1年进行；电厂建设时间为 3 年，即将在 $t = \tau_1 + 3$ 及时投入使用，直到电厂寿命结束；基准折现率为 r_0；捕集系统设备残值为 0。因此，UGCC - CCS 电厂 NPV 可表示为：

$$NPV_{\tau_1}^{uc} = \sum_{t=\tau_1+4}^{\tau_2+t} (CER_u \times P_c + P_e \times Q_e + P'_e \times Q_e + P_{co_2} \times Q_{cc} - P_{un}^0 \times e^{-\alpha\tau_1} \times Q_e - P_e \times Q_l - C_{O\&M}^{ccs}) \times (1 + r_0)^{\tau_1 - t} - (1 + r_0)^{\tau_1} \times I_{ccs}^0 \times e^{-\beta\tau_1} \tag{5.3}$$

根据泰勒公式，式（5.3）可转化为：

$$NPV_{\tau_1}^{uc} = (CER_u \times P_c + P_e \times Q_e + P'_e \times Q_e + P_{co_2} \times Q_{cc} - P_e \times Q_l - C_{O\&M}^{ccs}) \times \frac{e^{-r_0} - e^{r_0(\tau_1 - \tau_2)}}{e^{r_0} - 1} - I_{ccs}^0 \times e^{(r_0 - \beta)\tau_1} - P_{um}^0 \times Q_e \times \frac{e^{-(\alpha\tau_1 + r_0)} - e^{r_0(\tau_1 - \tau_2) - \alpha\tau_1}}{e^{r_0} - 1} \tag{5.4}$$

式中，P_{un}^0为 UGCC 项目初始单位电力成本，I_{ccs}^0为 CCS 初始资本成本，α 和 β 分别为 UGCC 技术单位电力成本学习率和 CCS 技术投资成本学习率。

若电厂负责 CO_2捕集、运输和封存，其项目收益包括：核证减排量碳收益、售电收入、45Q 封存补贴；支出包括：UGCC 电厂发电成本、CCS 改造资本成本、运维成本、运输成本、封存成本及额外能源消耗成本。电厂总净收益可表示为：

$$TNB_{ucts} = CER_u \times P_c + (P_e - P_{un}) \times Q_e + P'_e \times Q_e +$$

$$P'_{cs}\times Q_{cs}-P_e\times Q_l-I_{ccs}-C^{ccs}_{O\&M}-TC_{co_2}-SC_{co_2} \tag{5.5}$$

式中，P'_{cs}为每封存单位 CO_2 补贴价格；Q_{cs}为年度 CO_2 封存量；TC_{co_2}和SC_{co_2}分别为年度 CO_2 运输和封存成本。NPV 可表示为：

$$NPV^{ucts}_{\tau_1}=\sum_{t=\tau_1+4}^{\tau_2+t}(CER_u\times P_c+P_e\times Q_e+P'_e\times Q_e+P'_{cs}\times Q_{cs}-P^0_{un}\times e^{-\alpha\tau_1}\times Q_e-P_e\times Q_l-C^{ccs}_{O\&M}-TC_{co_2}-SC_{co_2})\times(1+r_0)^{\tau_1-t}-(1+r_0)^{\tau_1}\times I^0_{ccs}\times e^{-\beta\tau_1} \tag{5.6}$$

根据泰勒公式，式（5.6）可转化为：

$$NPV^{ucts}_{\tau_1}=(CER_u\times P_c+P_e\times Q_e+P'_e\times Q_e+P'_{cs}\times Q_{cs}-P_e\times Q_l-C^{ccs}_{O\&M}-TC_{co_2}-SC_{co_2})\times\frac{e^{-r_0}-e^{r_0(\tau_1-\tau_2)}}{e^{r_0}-1}-P^0_{un}\times Q_e\times\frac{e^{-(\alpha\tau_1+r_0)}-e^{r_0(\tau_1-\tau_2)-\alpha\tau_1}}{e^{r_0}-1}-I^0_{ccs}\times e^{(r_0-\beta)\tau_1} \tag{5.7}$$

两种运营方式下，UGCC－CCS 电厂在每一节点的 NPV 与碳价变化趋势相同，可分别由式（5.3）和式（5.6）计算所得。鉴于项目具有可延迟投资的特点，其在每一节点的投资价值（*IV*）由式（5.8）表示：

$$IV_{(i,j)}=\max\ \{0,\ NPV_{(i,j)}\} \tag{5.8}$$

式中，$IV_{(i,j)}$和$NPV_{(i,j)}$分别表示每一节点 UGCC－CCS 投资的总价值和净现值。若在节点（i，j）的净现值 $NPV_{(i,j)}<0$，则该节点的投资价值为0，投资者应在该节点放弃投资；若 $NPV_{(i,j)}>0$，则可认为该时间节点的投资环境是良性的，其投资价值将等于净现值。以每一节点项目投资价值为基础，从延迟投资期限的最后一个节点开始向前逆推，即可得到实物期权条件下各个时间节点延迟投资的总价值，如式（5.9）所示：

$$TIV_{(i,j)}=\max\ \{IV_{i,j},\ [P_u\times IV_{(i+1,j)}+P_m\times IV_{(i+1,j+1)}+P_d\times IV_{(i+1,j+2)}]\ \times e^{-r\Delta t}\} \tag{5.9}$$

式中，$TIV_{(i,j)}$代表项目在各时间节点的总投资价值。

5.2.3 三叉树定价模型

已有研究表明，碳价波动是一个非平稳随机过程且遵循几何布朗运动。因此本章假设市场不存在无风险套利且不考虑项目交易成本和税收，碳价波动规律可表示为：

$$dP_c=\mu P_c dt+\sigma P_c dw \tag{5.10}$$

式中，μ 和 σ 分别为碳价漂移率与波动率，dw 代表维纳过程独立增量。

传统二叉树定价模型只允许碳价有两种变化状态，即上升或下降，这会一定程度降低项目期权价值结果的准确性。为使结果更客观合理，我们采用了三叉树定价模型。假设碳价在每个时间节点存在三种可能的变化趋势，在时间 t 到 $t+\Delta t$（$\Delta t=1$）期间，可能以 P_u 的概率上升到 uP_c，以 P_m 的概率保持不变，以 P_d 的概率下降 dP_c。图 5.1 展示了三叉树模型的碳价变化规律。

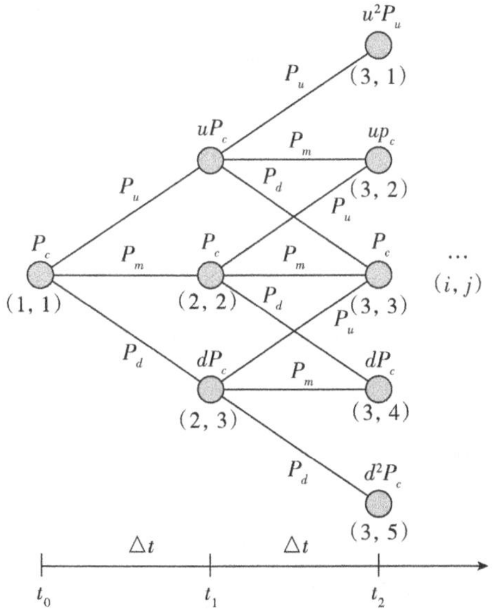

图 5.1　三叉树模型的碳价变化规律

此处 u 和 d 分别表示上升和下降系数，假设 UGCC－CCS 项目预期收益与运动顺序无关，则 u 和 d 的关系可用式（5.11）表示。

$$u \times d = 1 \tag{5.11}$$

碳价上升、不变和下降的概率如式（5.12）至式（5.14）所示：

$$P_u = \frac{e^{r\Delta t}(1+d) - e^{(2r+\sigma^2)\Delta t} - d}{(d-u)(u-1)} \tag{5.12}$$

$$P_m = \frac{e^{r\Delta t}(u+d) - e^{(2r+\sigma^2)\Delta t} - 1}{(1-d)(u-1)} \tag{5.13}$$

$$P_d = \frac{e^{r\Delta t}(1+u) - e^{(2r+\sigma^2)\Delta t} - u}{(1-d)(d-u)} \tag{5.14}$$

式（5.11）至式（5.14）中，$u = K + \sqrt{K^2 - 1}$，$d = K - \sqrt{K^2 - 1}$，$K = \dfrac{e^{r\Delta t} + e^{(3r+3\sigma^2)\Delta t} - e^{(2r+\sigma^2)\Delta t} - 1}{2\left[e^{(2r+\sigma^2)\Delta t} - e^{r\Delta t}\right]}$；$r$ 为无风险利率，σ 代表 UGCC－CCS 项目预期收益的波动率。

5.2.4 学习曲线模型

学习曲线模型是目前应用较广的用来量化特定技术在发展过程中成本变化的有力工具，反映了技术成本随累积使用量增加而下降的规律。一般来说，在项目商业化发展初期，成本呈上升趋势，随后会随着规模扩大而降低。为简化计算，本研究将学习率设为常量来体现技术变化特征，具体参数可参考表 5.3。基于设定的学习率，UGCC 的单位电力成本以及 CCS 投资的资本成本可由式（5.15）和式（5.16）表示。

$$P_{un}^{t} = P_{un}^{0} \times e^{-\alpha t} \tag{5.15}$$

$$I_{ccs}^{t} = I_{ccs}^{0} \times e^{-\beta t} \tag{5.16}$$

式中，P_{un}^{t} 为第 t 年 UGCC 项目的单位电力成本，I_{ccs}^{t} 为第 t 年 CCS 投资资本成本。

5.2.5 投资时机

UGCC－CCS 项目投资存在诸如碳价波动、技术进步等一系列不确定因素，延迟投资可使企业根据实际情况选择最有利时机进行投资，以便减少不确定因素影响，降低投资风险。然而在竞争的市场环境下，延迟投资也意味着可能会失去战略先机。因而应确定项目投资的最佳时机，使得项目具有最大投资价值。我们采用实物期权三叉树方法确定项目投资的最佳时机。首先，明确 UGCC－CCS 项目在决策节点（i，j）的投资概率 $\omega_{i,j}$；其次，项目投资者根据决策节点（i，j）的 $NPV_{i,j}$ 和 $TIV_{i,j}$ 做出投资决策；最后，将 j 年所有节点的投资概率 $\omega_{i,j}$ 求和即可得到年度投资概率。年度累计投资概率的计算如式（5.17）和式（5.18）所示：

$$\begin{cases} \omega_{i,j} = P_u \cdot \omega_{i-2,j-1} + P_m \cdot \omega_{i-1,j-1} + P_d \cdot \omega_{i,j-1} = 1, \ when\ TIV_{i,j} = NPV_{i,j} > 0 \\ \omega_{i,j} = 0, \ when\ TIV_{i,j} > NPV_{i,j}\ and\ TIV_{i,j} \geqslant 0 \end{cases} \tag{5.17}$$

$$\omega_j = \sum_{i=0}^{j} \omega_{i,j} \tag{5.18}$$

式中，$\omega_{i,j}$为第i个节点在第j年延迟投资的概率，ω_j为目标年j的年度累计投资概率。

5.3 情景设置与模型参数

5.3.1 情景设置

考虑到 UGCC - CCS 电厂运营方式、建厂选址以及是否纳入碳市场，本章共设置六种情景。其中，运营方式直接决定了CO_2去向，假设电厂只负责捕集，不负责运输和封存，可将CO_2出售给石油企业用于驱油。若电厂负责 CCS 全流程，CO_2则被封存在地下咸水层。此外，合成气运输距离对电厂电力成本有直接影响，从而会影响电厂投资收益，因此考虑了是否就地建厂的情景。

本章设置的六种情景见表 5.2，情景差异是基于建厂位置、是否纳入碳市场以及是否负责CO_2运输和封存而设定的。其中，情景一为就地发电，电厂只负责CO_2捕集，不负责运输和封存，并将捕集的CO_2出售给石油企业用于驱油，电厂未纳入碳市场。情景二为就地发电，电厂负责CO_2捕集、运输和封存，获得 45Q 封存补贴，电厂未纳入碳市场。情景三和情景四分别在情景一和情景二的基础上，将电厂纳入碳交易市场。情景五和情景六是在情景三和情景四的基础上进一步考虑了合成气远距离运输问题，假设运输距离为 500km。

表 5.2 UGCC - CCS 电厂六种情景详细信息

	就地建厂	纳入碳市场	负责运输和封存	CO_2去向
情景一	√	×	×	出售用于驱油
情景二	√	×	√	咸水层封存
情景三	√	√	×	出售用于驱油
情景四	√	√	√	咸水层封存
情景五	×	√	×	出售用于驱油
情景六	×	√	√	咸水层封存

5.3.2 模型参数及数据来源

本章数据主要来源于前两章节，UGCC - CCS 电厂装机容量为 612.5MW，假定电厂容量因子为 80%，电厂寿命为 30 年，其中建设期 3 年，加装 CCS 后电厂额外能耗占比为 5.88%。由此可得电厂年度脱碳发电量以及 CCS 加装导致的电力损耗量（见表 5.3）。2021 年全国碳市场正式上线，初始碳价为 50 元/吨。根据 2020 年碳价数据，可知碳价波动率和漂移率分别为 0.343 和 0.034。参考已有研究，将 UGCC - CCS 投资项目的基准折现率设定为 8%。无风险利率则采用了央行 1990 年至 2015 年一年期定期存款利率的均值，即 4.43%。

UGCC 电厂单位电力成本因合成气运输距离不同产生差异，合成气运输距离为 10km 和 500km 的电力成本分别为 0.52 元/千瓦时和 0.60 元/千瓦时。初始时刻电厂 CCS 资本成本、运维成本分别为 500.39 百万元和 347.29 百万元，CO_2运输和封存成本分别为 98.65 百万元和 67.20 百万元，CCS 成本数据均来源于上一章建立的 IECM 模型。UGCC 电力成本和 CCS 资本成本的学习率分别取 0.049 和 0.073，UGCC - CCS 电厂上网电价参考煤电价格区间 0.125 ~ 0.75 元/千瓦时，取均值 0.35 元/千瓦时。电厂将 CO_2出售给石油公司用于驱油的价格为 268.00 元/吨。本研究汇率为 2017 年人民币兑换美元平均汇率 6.7。表 5.3 详细列出了本章模型中使用的各项参数值。

表 5.3 UGCC - CCS 电厂相关模型数据

参数	描述	数值
P_c（元/吨）	全国碳交易市场平均碳价	50.00
CER_u（万吨）	核证减排量	244.06
Q_l（吉瓦时）	电力损耗	252.39
Q_e（吉瓦时）	脱碳发电量	4040.01
Q_{cc}（万吨）	年度 CO_2 捕集量	244.06
I_{ccs}^0（百万元）	CCS 初始资本成本	500.39
$C_{O\&M}^{ccs}$（百万元）	CCS 运维成本	347.29
P_e（元/千瓦时）	上网电价	0.35
P_{co_2}（元/吨）	单位 CO_2 售价	268.00

续表

参数	描述	数值
P_{un}^{0}（元/千瓦时）	单位电力成本（10km）	0.52
P_{un}^{0}（元/千瓦时）	单位电力成本（500km）	0.60
Q_{cs}（万吨）	年度 CO_2 封存量	229.42
P'_{cs}（元/吨）	封存补贴价格	335.00
TC_{co_2}（百万元）	年度 CO_2 运输成本	98.65
SC_{co_2}（百万元）	年度 CO_2 封存成本	67.20
α	发电成本学习率	0.049
β	CCS 资本成本学习率	0.073
σ	碳价波动率	0.343
μ	碳价漂移率	0.034
r	无风险利率	0.0443
r_0	基准折现率	0.08

5.4　结果分析

5.4.1　不同情景投资决策分析

5.4.1.1　投资决策与临界碳价

本章所设六种情景投资的 NPV、TIV 以及临界碳价如图 5.2 所示。情景一和情景二的 NPV 分别为 -54.50 亿元和 -59.64 亿元，显然，电厂无论是否负责 CO_2 运输和封存，受高额资本成本影响，在现有条件下都无法获得收益。为使电厂具有未来投资可能性，本节引入了碳价波动不确定因素，考虑了将电厂纳入碳市场的情景。可以看出，情景三和情景四的 NPV 分别上升为 -42.30 亿元和 -47.44 亿元，TIV 分别为 52.04 亿元和 49.18 亿元。尽管 NPV 仍为负值，但是 TIV 大于 0。根据实物期权决策规则，此时 UGCC－CCS 电厂可执行期权延迟投资。这说明碳交易不仅可改善电厂收益，还影响电厂投资决策。因为情景四中电厂得到的封存补贴低于情景三电厂 CO_2 的售卖价格，且运输和封存支出也抵消了部分收益，所以情景四的 NPV 和 TIV 略低。当考虑到合成气运输距离对电厂投资收益的影响，即合成气运输距离增加为 500 千米时，情景五和情景六的 NPV 分别为

-75.07亿元和 -80.16 亿元，TIV 分别为 44.98 亿元和 42.13 亿元。与情景三和情景四相比，NPV 分别降低了 77.35% 和 68.97%，同时 TIV 分别降低 13.57% 和 14.34%。可见，合成气运输距离对电厂收益有显著影响，因此电厂在选址时，应尽可能采取就近原则，以避免远距离运输导致成本效益大幅下降。

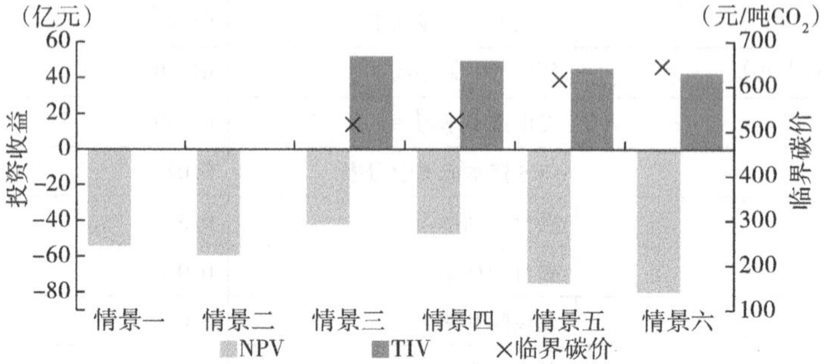

图 5.2　不同情景下 UGCC - CCS 电厂投资净现值、总投资价值和临界碳价

由实物期权决策规则可知，要放弃期权立即投资必须满足净现值大于零且总投资价值等于净现值的条件。为了厘清 UGCC - CCS 电厂在当前环境下投资的临界条件，有必要对后四种情景立即投资的临界碳价水平进行计算。从图 5.2 中可看出，情景三和情景四的临界碳价分别为 518.49 元/吨 CO_2 和 527.93 元/吨 CO_2，两种情景临界碳价相差不大。当合成气运输距离增加为 500 千米时，电厂临界碳价则分别升高为 618.88 元/吨 CO_2 和 646.28 元/吨 CO_2。可以看出，四种情景临界碳价远高于全国碳市场碳交易价格。基于现有条件，如果政府不给予任何补贴，UGCC - CCS 电厂难以在较短时间内进行商业化推广，因为当前环境下 UGCC - CCS 项目建设成本较高，以目前的碳市场价格，不足以补偿前期项目投资引起的现金流支出。

上述结果也表明，UGCC - CCS 电厂在纳入碳市场后，无论是只负责 CO_2 捕集环节还是负责 CCS 全流程，都需要执行期权延迟投资。尽管目前临界碳价远高于全国碳市场交易价格，但随着碳市场的不断成熟和完善，碳交易价格呈上升趋势，对降低电厂碳减排成本会有积极作用。此外，延迟投资可能带来更好收益，但后期需要更多关注准入时机，以平衡市场竞争机会成本与延迟投资可能带来的机会价值。

5.4.1.2 最佳投资时机

对 UGCC－CCS 电厂的 NPV 和 TIV 的分析结果可为投资者进行投资提供一定参考，然而并不具体，未涉及投资时间，有必要进一步探讨电厂在延迟投资情况下的最佳投资时机。由于情景一和情景二未纳入碳市场，且 NPV 为负值，不考虑对其投资。本节只预估了后四种情景的最佳投资时机。从图 5.3 中可以看出，情景三最早在 2028 年已经有一定概率可以投资，而其余三种情景也均在 2029 年有一定投资概率，范围在 0.004% ~ 0.459%，由于其投资概率较小，故均不是最佳投资时机。根据已有研究，当年度投资概率大于 0.2 时，项目可执行投资。因此，图中四种情景的最佳投资时机均为 2032 年。结合电厂加入碳市场后的投资收益情况以及临界碳价，可以发现，当前较低的碳价格以及前期较高的资本投入推迟了 UGCC－CCS 电厂的投资。这意味着应促进 UGCC－CCS 技术的进步和碳市场的发展，以便带来实质性的利益增加来抵消高额的资本投入。然而这一过程需要时间的积累，在较短期限内，很难有明显效果，因此，增加政府补贴不失为一个短时期内解决现有问题的有效方案。

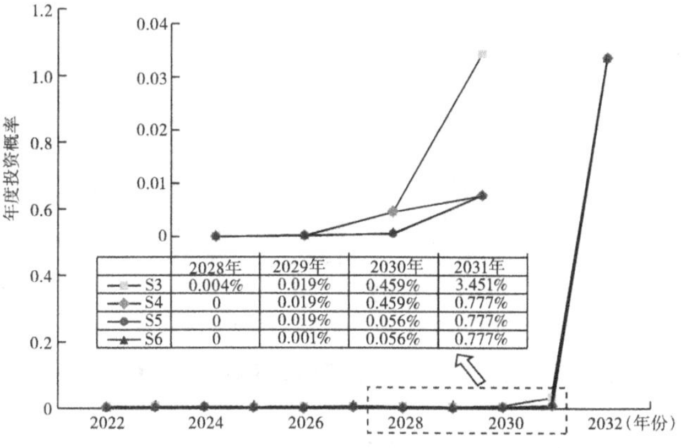

	2028年	2029年	2030年	2031年
S3	0.004%	0.019%	0.459%	3.451%
S4	0	0.019%	0.459%	0.777%
S5	0	0.019%	0.056%	0.777%
S6	0	0.001%	0.056%	0.777%

图 5.3 不同情景 UGCC－CCS 电厂年度投资概率

5.4.2 不同政府补贴模式下投资决策分析

通过对六种情景投资收益进行分析可知，考虑碳市场的纳入，虽可一定程度提高投资收益，但效果有限，等待投资时机较长。事实上，国家财政补贴对经济绩效起着重要作用，可使投资者尽早收回投资成本，以减轻前期巨大投资压力，使得投资者对投资前景更为乐观。因此，为将新技术引入市场，政府会试图采用不同补贴激励措施来支持其前期市场化发展，使其有利可图。常见的补贴政策主要有上网电价补贴、财政拨款、税费减免、贷款、运营成本补贴、研发补贴等。本研究考虑了三种补贴模式，分别为上网电价补贴（SET）、研发补贴（SRD）和运维补贴（SOM），以反映国家政策的不确定性对电厂投资收益的影响。由于受到资金时间价值以及延迟投资期权价值的影响，不同补贴模式对投资决策影响并不相同。鉴于情景五和情景六仅在情景三和情景四的基础上考虑了合成气运输距离的变化，这里仅以情景三和情景四为例，讨论不同政府补贴模式对 UGCC - CCS 项目投资决策的影响，以及在相同的补贴支出水平下不同补贴模式的效果。

5.4.2.1 上网电价补贴

上网电价补贴，可看作电厂售电收入的一部分，是最为直接的一种补贴方式。下面将通过设置不同的补贴金额，分析 UGCC - CCS 电厂的投资收益和最佳投资时机，探讨上网电价补贴发生变化时的政策激励效果。

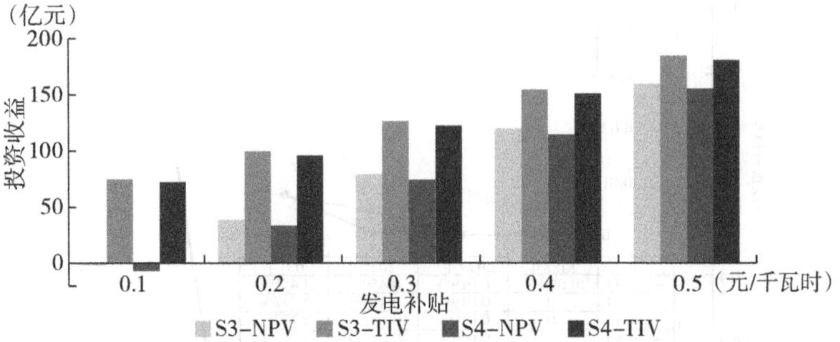

图 5.4 发电补贴模式下情景三和情景四的 UGCC - CCS 电厂投资收益

图 5.4 显示了上网电价补贴对 UGCC - CCS 电厂投资收益的影响。从图 5.4 中可看出，随着补贴额度的增加，情景三和情景四的 NPV 和 TIV 呈上升趋势。当政府补贴为 0.1 元/千瓦时，情景三和情景四的 NPV 分别为 -1.93 亿元和 -7.06 亿元，与未补贴情景相比（-42.30 亿元和 -47.44 亿元），有了明显上升，但 NPV 仍为负值，此时 TIV 分别为 74.58 亿元和 71.69 亿元。当政府补贴为 0.2 元/千瓦时，两种情景的 NPV 均为正值，TIV 大于 NPV，仍需延迟投资。当政府补贴上升为 0.5 元/千瓦时，情景三

的 NPV 和 TIV 分别为 159. 58 亿元和 184. 40 亿元，情景四的 NPV 和 TIV 分别为 154. 45 亿元和 180. 49 亿元。总体来看，上网电价补贴对 UGCC - CCS 电厂投资具有积极促进作用，尽管无法改变电厂延迟投资的决策，但电厂投资收益显著增加。从另一个角度来看，随着补贴的增加，期权价值反而下降，当补贴由 0. 1 元/千瓦时上升为 0. 5 元/千瓦时时，情景三的期权价值由 76. 5 亿元下降为 24. 82 亿元，情景四的期权价值由 78. 75 亿元降低为 26. 05 亿元。这意味着投资者更愿意在补贴较高的情况下做出投资决策，一方面可抵消电厂初始投资支出；另一方面可减少电厂投资不确定性，降低投资风险。

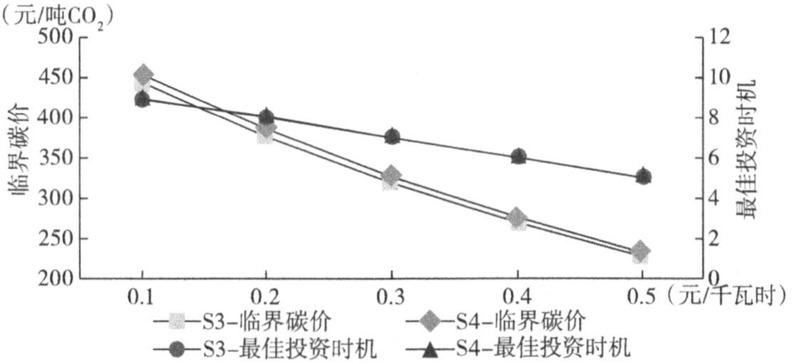

图 5. 5　发电补贴模式下情景三和情景四的临界碳价和最佳投资时机

不同发电补贴对投资临界碳价和最佳投资时机的影响如图 5. 5 所示。当发电补贴为 0. 1 元/千瓦时，情景三和情景四的临界碳价分别降低为 444. 54 元/吨 CO_2 和 453. 86 元/吨 CO_2，最佳投资时机均提前至第 9 年，即 2031 年。随着补贴额度的增加，临界碳价不断降低，且最佳投资时机有所提前。当补贴为 0. 5 元/千瓦时，情景三和情景四的临界碳价分别降低为 228. 74 元/吨 CO_2 和 233. 92 元/吨 CO_2，最佳投资时机均提前至第 5 年，即 2027 年。图中的分界线分别代表情景三和情景四的临界碳价分界线，分界线右上方区域为延迟投资区，左下方区域为放弃投资区。表明了若实际碳价高于临界值，延迟投资可能有利可图，投资者可根据环境变化推迟投资，否则将放弃投资。此外，从图中还可看出，随着补贴额度的上升，临界碳价有了显著降低，这可能会加重政府财政负担。随着后期碳市场不断完善，初始碳价得到提高，可一定程度缓解政府财政压力。

5.4.2.2 研发补贴

研发补贴是指政府一次性支付给企业用于技术创新的补助金。政府对研发投入进行补贴，可弥补企业在技术创新中的资金短缺，抵消一部分可能因创新产生的环境外部成本，从而推动 UGCC－CCCS 技术发展。这里主要考虑对 UGCC 技术的研发补贴。对研发投入进行补贴主要是通过提高电力成本学习率间接降低电力成本的方式来增加项目投资收益，但研发投入与电力成本并非线性相关，随着研发投入的加大，电力成本边际效用呈递减趋势。电力成本学习率以及研发支出与学习系数的关系分别用式（5.19）和式（5.20）表示，其中 λ 为学习系数。

$$\alpha = 1 - 2^{\lambda} \tag{5.19}$$

$$\frac{\lambda_2}{\lambda_1} = \ln \frac{M_2}{M_1} \tag{5.20}$$

研发补贴是通过改变单位电力成本的学习率，从而影响电厂的投资收益及最佳投资时机。如图 5.6 所示，当研发补贴为 5 亿元时，相应的单位电力成本学习率为 0.1，此时，情景三和情景四的 NPV 分别为－42.40 亿元和－47.44 亿元，TIV 分别为 82.41 亿元和 79.31 亿元。随着研发补贴的增加，两种情景的 NPV 保持不变，TIV 不断增加。这是因为增加研发补贴虽然可以提高学习率和降低单位电力成本，但是效果并非立竿见影，需要一定的时间投入。因此，无论研发补贴额度如何改变，基准投资年（2022 年）的 NPV 均保持不变，但期权价值上升明显，导致总投资价值不断增加。随着研发补贴的增加，最佳投资时机也在不断提前，研发补贴对两种情景最佳投资时机的影响略有不同。对于情景三而言，研发补贴为 5 亿元时，最佳投资时机提前至第 8 年，即 2030 年；研发补贴为 10 亿元、15 亿元和 20 亿元时，最佳投资时机为 2029 年；研发补贴为 25 亿元和 30 亿元时，最佳投资时机提前为 2028 年。对于情景四，研发补贴为 5 亿元时，最佳投资时机为第 9 年，即 2031 年；研发补贴为 10 亿元、15 亿元、20 亿元和 25 亿元时，最佳投资时机为 2029 年；研发补贴为 30 亿元时，最佳投资时机为 2028 年。可见，技术进步和创新能力的发展虽然无法在短时间内增加收益，但从长远来看，不仅可增加项目总投资价值，还提前了最佳投资时间，因而是促进投资者尽早投资的重要驱动因素。

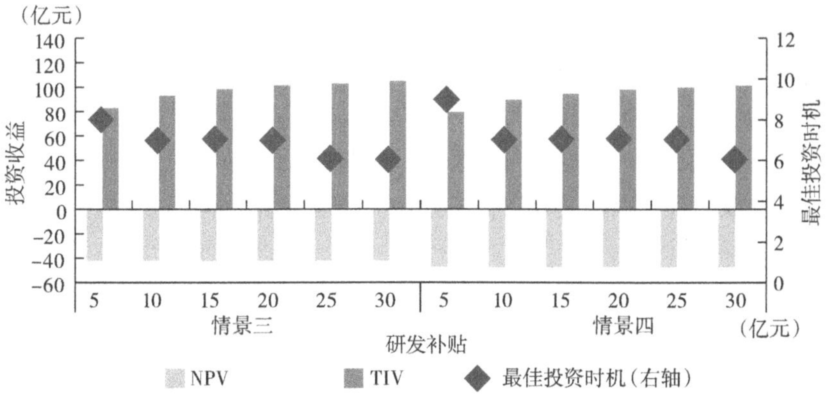

图5.6 研发补贴模式下情景三和情景四的临界碳价和最佳投资时机

5.4.2.3 等额运维补贴条件下效果对比

运维补贴是指政府每年以直接补偿的方式提供补贴金以抵消企业对设备的运行和维护费用。为了解释运维补贴对投资决策影响以及在相同支出水平下与其他补贴方案的对比效果，这里讨论了等额补贴条件下三种补贴方案的投资收益以及最佳投资时机。为简化计算，以UGCC－CCS电厂每年的运维成本作为国家给予的运维补贴额度，假设国家一次性研发补贴额度和运维补贴额度一致，二者均为14.06亿元，此时，基于UGCC－CCS电厂年度发电量，可得到相同补贴水平下的电力成本为0.51元/千瓦时。

不同模式的补贴均可增加电厂投资收益，但效果不尽相同。从图5.7中可看出，三种补贴模式中，上网电价补贴效果最明显，此时情景三和情景四的NPV分别为－26.96亿元和－32.10亿元，TIV分别为60.58亿元和57.73亿元。运维补贴效果最弱，两种情景下电厂的NPV分别为－37.81亿元和－42.94亿元，TIV分别为53.01亿元和50.15亿元。对于研发补贴而言，基准投资年的情景三和情景四NPV保持不变，分别为－42.30亿元和－47.44亿元，但TIV在三种补贴方案中最高，分别为96.97亿元和93.51亿元。三种补贴模式的政策激励效果在最佳投资时机中同样得到了体现。对电厂进行等额上网电价补贴和运维补贴时，尽管投资收益增加，但两种情景最佳投资时间并未提前。只有在研发补贴条件下，情景三和情景四的最佳投资时机提前至第7年，即2029年。可见，短期内对投资者吸引力较大的补贴模式可能是上网电价补贴，因为该模式对抵消投资者前期投资的高额成本有更直接的效果。然而从长远来看，政府采取研发补贴的效果要优于上网电价补贴和运维补贴，对总投资收益和最佳投资时间均有显著促进作用。但值得注意的是，研发补贴的投入需要时间的积累才能看到效果，因此政府应根据不同市场环境选择合适的补贴模式，当然，政府也可以选取多种补贴模式相结合的方式，但这超出了本章讨论范围。

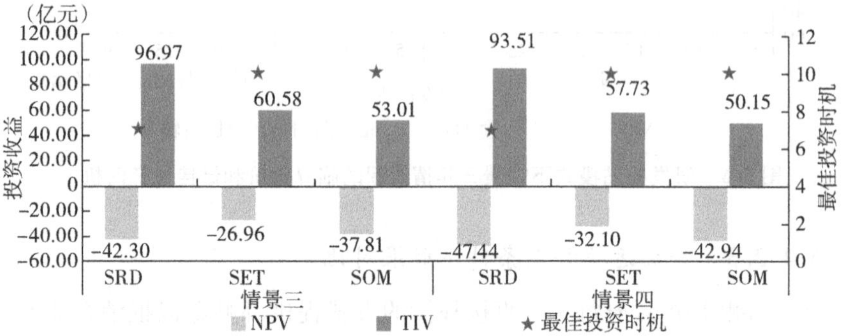

图 5.7　等额补贴水平下不同补贴模式对情景三和情景四的影响

5.4.3　敏感性分析

5.4.3.1　核证减排量分摊

在情景三中，关于电厂 CCS 流程的设计，我们考虑了两个主体，即电厂和石油公司。我们假设了核证减排收益完全归电厂所有，然而在实际运营时，由于涉及多个利益主体，需要考虑核证减排收益分摊问题，这会对电厂投资收益产生直接影响。因此，本节考虑了核证减排量在不同分摊比例条件下对电厂投资收益的影响。由于情景四不涉及核证减排分摊问题，这里仅对情景三进行敏感性分析。

图 5.8 展示了核证减排量分摊比例对电厂投资收益的影响。当核证减排量分摊比例为 100% 时，表示核证减排收益完全归电厂所有，以此类推。从图中可看出电厂的 NPV 和 TIV 均随着分摊比例的降低而减少，当分摊比例降为 40% 时，情景三的 NPV 和 TIV 分别降为 -49.62 亿元和 45.70 亿元，此时的投资收益低于情景四（见图 5.2）。因此，尽管情景三中电厂在获取 100% 核证减排量时，投资效益优于情景四，但由于与石油公司存在一定合约关系，收益会受到核证减排分摊的影响，当核证减排量分摊比例

为 40% 时，投资优势消失。同时，CO_2 售价并不是一成不变的，未来会受市场供需的影响，所以情景三未来投资的不确定性更高。因此，若电厂只负责 CO_2 捕集业务，投资时应结合核证减排量分摊比例以及 CO_2 市场售价等多种因素综合分析。

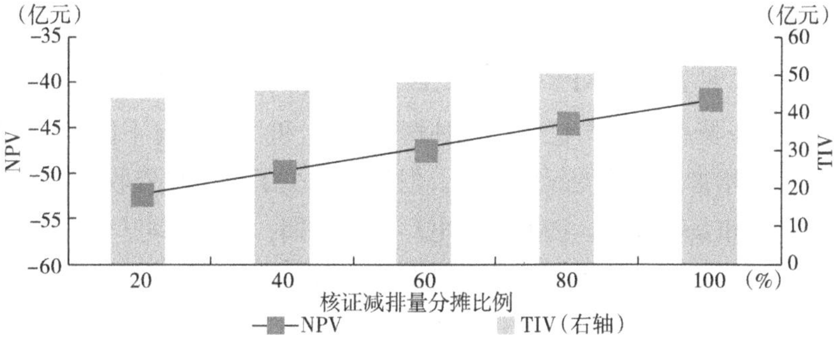

图 5.8　核证减排分摊对情景三 NPV 和 TIV 的影响

5.4.3.2　主管道运输距离

在情景四中，电厂负责 CCS 全流程，因此投资收益会受 CO_2 主管道运输距离影响。如图 5.9 所示，当 CO_2 主管道运输距离由 200 千米降低为 40 千米时，UGCC－CCS 电厂 NPV 由 －47.44 元/千瓦时上升为 －39.55 元/千瓦时，TIV 由 49.18 元/千瓦时上升为 53.57 元/千瓦时，分别上升了 16.63% 和 8.93%。随着管道运输距离的减小，电厂 NPV 和 TIV 不断增加，但期权价值逐渐降低。因此若能充分利用地下煤气化场地与 CO_2 封存场地具有类似地质条件的优势，考虑在 UGCC 电厂附近进行 CO_2 封存，情景四的 UGCC－CCS 电厂的投资收益可能会更高。

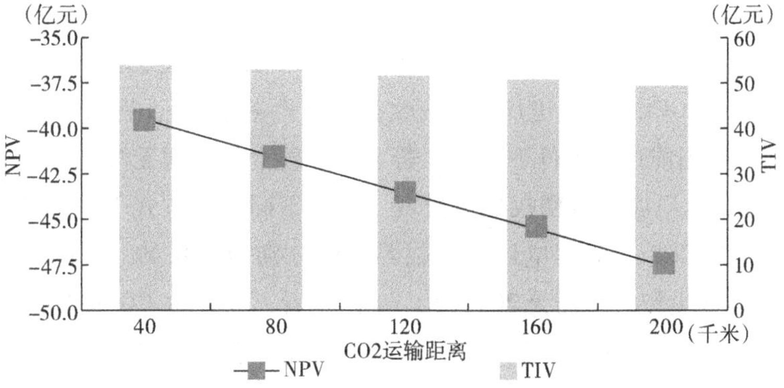

图 5.9　CO_2 运输距离对情景四 NPV 和 TIV 的影响

5.4.3.3 合成气运输距离

燃料成本是影响电厂收益的重要因素，鉴于燃料运输距离的远近对燃料成本有直接影响，有必要分析燃料运输距离对电厂投资收益的敏感度。如图 5.10 所示，当合成气运输距离从 100 千米增加为 1000 千米时，情景三的 NPV 由 -46.39 亿元下降为 -103.65 亿元，TIV 由 51.16 亿元下降为 38.81 亿元，情景四的 NPV 由 -51.53 亿元下降为 -108.78 亿元，TIV 由 48.30 亿元下降为 35.95 亿元。两种情景 NPV 和 TIV 均有不同程度下降。尽管距离的增加并未改变投资决策，但显著减少了电厂投资收益，不利于电厂前期的市场化发展。因此，在电厂投资前期，考虑将电厂建在地下气化场地附近，避免远距离运输导致投资收益不理想。

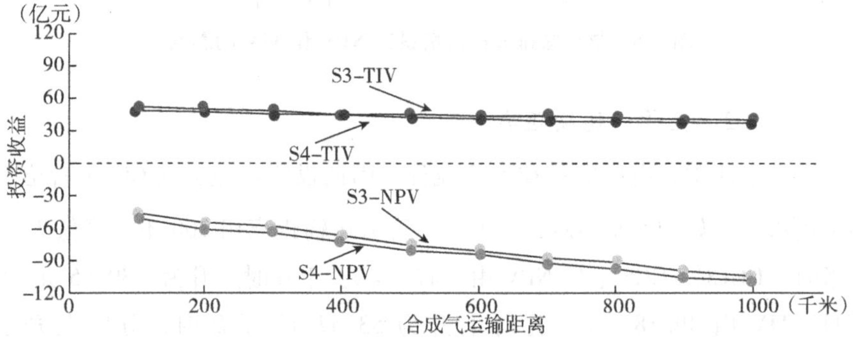

图 5.10 合成气运输距离对情景三和情景四投资收益的影响

5.5 本章小结

为了解 UGCC-CCS 电厂投资收益及最佳投资时机，并探究不同补贴模式的政策效果，本章基于实物期权理论，考虑了碳价变化、技术进步等不确定因素，对 UGCC-CCS 电厂的投资收益进行了量化分析，得到如下结论：

（1）在当前市场条件下，电厂若不考虑碳交易，则无投资可能。考虑碳交易时，电厂应执行期权延迟投资。两种不同运营方式下，只负责 CO_2 捕集和负责 CCS 全流程电厂投资临界碳价分别为 518.49 元/吨和 527.93 元/吨，最佳投资时机均为 2032 年。对比来看，只负责 CO_2 捕集业务的电厂投资收益更高。此外，合成气运输距离增加也会显著降低电厂投资收益且提高临界碳价，选址时应将其作为重要考量因素之一。

（2）即使在政府补贴支出相同的情况下，不同补贴模式对 UGCC－CCS 电厂投资收益及投资时机的影响也存在一定差异。在上网电价补贴为 0.5 元/千瓦时情况下，电厂最佳投资时机可提前至 2027 年。研发补贴为 30 亿元时，最佳投资时机可提前至 2028 年。当政府提供等额补贴时，上网电价补贴即时效果最为明显，运维补贴效果最弱。但从长远来看，研发补贴带来的投资收益最优，且可有效提前电厂最佳投资时机。

（3）敏感性分析表明，核证减排量分摊比例、CO_2 售价以及合成气运输距离对电厂投资收益影响较为明显，投资时应结合多方面因素，选取合适的电厂运营方式。电厂核证减排量分摊比例为 40% 时，负责 CCS 全流程的电厂更具投资优势。而电厂在获得 100% 核证减排收益，且市场上 CO_2 售价较高的情况下，应优先选择电厂与石油公司合作的运营模式。此外，合成气运输距离对电厂投资收益影响显著，为保证电厂有利可图，前期投资应考虑就地建厂。

为促进 UGCC－CCS 电厂商业化发展，政府应在其市场化推广过程中起带头作用，采取多种措施给予支持。基于以上结论，现提出如下政策建议：

（1）碳交易市场有利于提高 UGCC－CCS 电厂投资收益，可加快其商业化步伐。目前，全国碳交易市场虽正式上线并有条不紊地发展，但并未有实质性改变，相关的市场规范仍处于探索阶段。碳市场的发展是一个循序渐进的过程，需要政府和企业协同发展，未来碳交易的机制也需要各级政府制度设计和监管的完善，还需要企业积极地参与和探索，把碳排放权与 CO_2 减排的责任有机结合。此外，应考虑将 UGCC－CCS 等新兴节能减排技术纳入碳市场，进一步扩大碳交易市场覆盖范围并提高碳交易价格。

（2）为 UGCC－CCS 电厂制定明确的上网电价政策。根据上述结果，若以 0.35 元/千瓦时价格作为 UGCC－CCS 电厂上网电价，则需要补贴 0.5 元/千瓦时，这意味着只有电价高达 0.85 元/千瓦时，电厂才具有 5 年内投资可能性。合理的上网电价是吸引投资者的重要因素之一，以气电价格作为 UGCC－CCS 电厂的上网电价定价依据可能更合理。

（3）多种补贴模式结合。即使在上网电价补贴为 0.5 元/千瓦时情况下，仍不足以使电厂具有立即投资的可能，因此建议将上网电价补贴与研发补贴相结合，有望进一步提前 UGCC－CCS 最佳投资时机。在电厂初步发展阶段，考虑将电厂建在地下气化场地附近，以便最大限度降低前期投资成本。

6 研究结论与展望

6.1 主要结论

电力工业是关乎国计民生的基础能源产业，对促进经济社会发展具有重要意义。我国富煤、贫油、少气的先天资源禀赋，形成了长期以煤为主的能源消费态势，也决定了煤电是电力部门的重要组成部分。然而，煤电部门是我国温室气体排放的主要来源，要加速能源电力行业深度脱碳，应充分挖掘煤炭在电力部门的清洁利用潜力。UGCC 是集煤炭地下气化与联合循环发电技术于一体的新型煤炭清洁发电技术，可有效降低传统煤炭开采过程的环境危害。此外，作为实现我国双碳目标的重要技术组成，CCS 技术可将 CO_2 从碳排放源分离出，并输送至特定地点进行封存，有效降低燃煤电厂碳排放。因此，UGCC 与 CCS 技术相结合对于保障国家能源安全、减缓气候变化以及改善环境污染具有重要战略意义。

本研究综合运用文献计量、生命周期评价、案例对比分析、情景分析、定性与定量相结合等科学方法，从生命周期角度出发，对 UGCC - CCS 项目进行了能源、环境和经济多维度的综合评价，并与 IGCC 电厂结果进行对比，识别了主要影响因素并提出改进建议。同时，基于实物期权理论，建立了不确定因素影响下的项目投资决策模型，为未来项目商业化应用投资提供科学参考依据。本研究主要开展了以下创新性工作：

（1）基于扩展㶲分析框架，建立了 UGCC 电厂㶲生命周期评估模型，对影响 UGCC 电厂持续性能以及热力学性能指标进行综合评价。结果显示，UGCC 电厂资源利用率和环境可持续指数分别为 19.39% 和 18.29%，加装 CCS 后，电厂综合持续性能有所提升。与 IGCC 电厂相比，UGCC 电厂在资源利用率方面较有优势，但环境可持续性相对弱势。深入分析发现，地下气化单元是影响电厂㶲效率的主要单元。当氧煤比为 0.6、水煤比为 0.1 时，UGCC - CCS 电厂㶲效率从 34.27% 上升到 37.56%，可有效改善电厂综合持续性能。

（2）在电厂全流程投入产出清单基础上，建立了 UGCC 电厂的生命周期环境影响评估模型，分别对中点环境影响和末端环境影响进行了详细评价。可知 UGCC 电厂全球温升潜势和臭氧层破坏潜势较 IGCC 电厂分别高出 16.9% 和 74%，其余中点和末端影响均低于 IGCC 电厂。CCS 部署使 UGCC 电厂温升潜势和人类健康两类影响分别下降 71% 和 46%，但加剧了其他环境影响类别的恶化。

（3）构建了生命周期成本核算模型，不仅包含了电厂燃料成本以及内部电力成本，还从政府和社会的角度出发考虑了环境影响可能引发的外部成本，并对影响成本的主要因素进行了敏感性分析。结果表明，UGCC 电厂生命周期成本为 61.80 $/MWh，其中外部成本占比 13.90%。与 IGCC 电厂相比，尽管外部成本略高，但生命周期总成本仍具竞争优势。若考虑就地利用合成气，UGCC 电厂生命周期成本可降低 20%。

（4）利用三叉树实物期权模型，综合了碳价、技术进步以及政策激励等多种不确定因素，对 UGCC - CCS 项目投资收益进行了评估，明确了投资临界条件以及最佳投资时机，并针对 UGCC - CCS 项目运营方式选择和电厂选址问题提出了建设性建议。结果显示，不考虑碳市场时，UGCC - CCS 电厂无投资可能。若将 UGCC - CCS 电厂纳入碳市场，在负责碳捕集和全流程两种运营方式下，电厂投资临界碳价分别为 518.49 元/吨 CO_2 和 527.93 元/吨 CO_2，最佳投资时机均为 2032 年。有必要通过政府补贴方式，促使电厂尽早投资。当上网电价补贴为 0.5 元/千瓦时或研发补贴为 30 亿元时，电厂最佳投资时机可分别提前至 2027 年和 2028 年。

综上所述，UGCC 项目相对 IGCC 项目而言，在能源效率、环境保护以及经济方面均具有很大优势，尽管温室气体排放略高于 IGCC 电厂，但鉴于地下气化技术未来仍有较大可改进空间，温室气体排放较高这一不足也可在能源效率进一步提升后得到有效弥补。因此，通过对 UGCC 项目进行多方面综合评价以及投资决策研究，有望为加速其大规模发展提供可行参考，更好地实现保障能源安全、减缓气候变化并降低环境污染的目标。

6.2 主要创新点

能源危机和气候变化是当前我国面临的两大挑战，UGCC－CCS 作为新型煤炭清洁利用技术，是化石能源转型的重要战略技术，对于双碳目标的实现起到了保驾护航的作用。为扩大其商业应用规模，应从能效、环境、经济以及项目可行性方面对其进行全面系统评估。本研究创新点主要体现在以下几个方面：

（1）首次在生命周期评价框架和统一的系统边界下，对 UGCC 电厂的能效、环境和经济三方面影响进行综合评估与分析，并将结果与 IGCC 电厂进行对比。识别其优势与劣势，提出了进一步改进的方向，从而为电力部门确定技术发展优先级提供科学定量依据。

（2）构建了 UGCC 电厂小时级生命周期清单，建立了较为系统的生命周期环境影响评价模型。不仅丰富了生命周期清单数据库，而且弥补了已有研究忽略电厂对人类健康等末端环境影响评估的不足。与此同时，该模型也适用于其他需要深度脱碳的工业部门。

（3）建立了涵盖环境影响负外部性的 UGCC 电厂生命周期成本模型。在经济市场化条件下，不考虑环境成本的定价机制不利于市场经济的调节和控制，无法实现资源优化配置的目标。将环境影响货币化并作为外部成本来量化电厂发电对社会和生态环境造成的间接经济代价，可为不同方案选择提供科学合理的参考依据。

（4）建立了考虑碳市场、技术进步等多种不确定因素的 UGCC－CCS 电厂投资决策评估模型。该模型可作为政策分析的有力工具，评估不同补贴模式对电厂投资收益以及投资时机的影响。此外，模型结果可为新建项目的可研编制、评估决策以及项目建设提供有价值的参考。

6.3 研究局限与展望

当前，UGCC－CCS 技术关乎国家能源安全，并对碳中和的实现起到重要支撑和推进作用。我国以煤炭为主的能源结构短期内难以逆转，意味着能源体系的重要任务仍然是清洁、高效地利用煤炭，最终实现能源生态文明。本研究从生命周期角度出发，对 UGCC - CCS 在能效、环境以及经济方面可行性分别进行了科学评估，识别关键影响因素以便为后期提供可改进的机会。最后对 UGCC - CCS 项目投资收益以及何时投资进行了量化分析。未来该研究还可从以下几个方面进行深入分析和探讨：

（1）建模思路和方法可以进一步改进。本研究关于 UGCC - CCS 项目能效、环境和经济的建模研究均是独立进行的，未来需要考虑如何集成三个维度的模型于一体，使其成为一个统一的综合评估模型，以加强评估结果的紧密性和衔接性。同时可结合 UGCC - CCS 项目特点，构建基于能效、环境和经济的多目标随机优化模型，以尽可能降低项目在三个方面的不利影响，推动其合理化布局和规模化发展。

（2）数据质量可以进一步提高。生命周期环境影响评价系统边界仅考虑了对电厂产生不利影响的主要环节，鉴于数据可得性受限，并未将基础设施建设考虑在内。为保证结果完整性，有必要对电厂进行实地调研，进一步扩展系统边界，完善生命周期清单数据。此外，LCA 模型的环境影响特征化因子部分源于国外数据，鉴于生命周期环境影响量化结果受地域性影响较为严重，为提高准确度，应尽快建立具有本土化特征的模型数据库。

（3）研究内容可以进一步深入和拓展。本研究仅从能源、环境和经济三个维度分别对 UGCC - CCS 项目进行了可行性评估，实现三者的协调统一。然而，可行性评估涉及的范畴还包括许多暂时难以量化的方面，比如社会效益、未来生命周期评价维度可延伸到社会层面。通过社会效益的评估，使 UGCC - CCS 项目得到公众的理解和监管机构的批准，对于商业化发展至关重要。目前，由于缺乏统一的生命周期社会评价体系和方法，且受社会维度数据约束，无法对 UGCC - CCS 项目社会效益进行较为客观的量化评估。随着社会评估指标体系的建立和方法的完善，未来从社会层面对项目进行评估具有重要现实意义。

参考文献

[1]SMRITI M. How China could be carbon neutral by midcentury[J]. Nature, 2020(586): 482 –483.

[2]GLEICK P H, ADAMS R M, AMASINO R M, et al. Climate change and the integrity of science[J]. Science, 2010, 328(5979): 689 –690.

[3]BURGESS S D, BOWRING S, SHEN S Z. High – precision timeline for earth's most severe extinction[J]. Proceedings of national academy of sciences, 2014, 111(9): 3316 –3321.

[4]DIFFENBAUGH N S, FIELD C B. Changes in ecologically critical terrestrial climate conditions[J]. Science, 2013, 341(6145): 486 –492.

[5]BOTZEN W J W, BOUWER L M, VAN DEN BERGH J. Climate change and hailstorm damage: empirical evidence and implications for agriculture and insurance[J]. Resource and energy economics, 2010, 32(3): 341 –362.

[6]谢来辉. 碳排放:一种新的权力来源——全球气候治理中的排放权力[J]. 世界经济与政治, 2016(9):64 –89.

[7]OBERTHÜR S, ROCHE KELLY C. EU leadership in international climate policy: achievements and challenges[J]. The International spectator, 2008, 43(3): 35 –50.

[8]HENRY L A, SUNDSTROM L M. Russia and the kyoto protocol: seeking an alignment of interests and image[J]. Global environmental politics, 2007, 7(4): 47 –69.

[9]United Nations & framework convention on climate change. Adoption of the Paris Agreement[R]. Paris: UN & FCCC, 2015.

[10]联合国环境规划署. 排放差距报告2020[R]. 2020.

[11]Energy & Climate Intelligence Unit. Net zero emissions race[EB/OL]. (2020-04-12)[2022-02-10]. https://eciu. net/netzerotracker.

[12]郭楷模，孙玉玲，裴惠娟，等. 趋势观察:国际碳中和行动关键技术前沿热点与发展趋势[J]. 中国科学院院刊，2021，36(9):1111-1115.

[13]Council CE. China power industry annual development report 2020 [R]. 2020.

[14]国家统计局. 2020年国民经济和社会发展统计公报[EB/OL]. [2022-02-10]. http://www/stats/gov/cn/tjsj/zxfb/202002 /t20200228. html.

[15]DUNN B, KAMATH H, TARASCON J M. Electrical energy storage for the grid: A battery of choices[J]. Science, 2011, 334(6058): 928-935.

[16]苏健，梁英波，丁麟，等. 碳中和目标下我国能源发展战略探讨[J]. 中国科学院院刊，2021，36(9):1001-1009.

[17]LI H, ZHA J, GUO G, et al. Improvement of resource recovery rate for underground coal gasification through the gasifier size management[J]. Journal of cleaner production, 2020(259): 120911.

[18]国家发展和改革委员会. 能源技术革命创新行动计划(2016—2030年)[EB/OL]. (2016-04-04)[2021-12-20]. https://www. ndrc. gov. cn/fggz/fzzlgh/gjjzxgh/201706/t20170607_1196784. html? code=&state=123.

[19]谢和平. 煤炭深部原位流态化开采的理论与技术体系[J]. 煤炭学报，2018，43(5).

[20]KHADSE A, QAYYUMI M, MAHAJAM S, et al. Underground coal gasification: a new clean coal utilization technique for India[J]. Energy, 2007, 32(11): 2061-2071.

[21]PERKINS G. Underground coal gasification - Part I: field demonstrations and process performance[R]. 2018.

[22]BRAND J F, VAN DYK J C, WAANDERS F B. Economic overview of a two-agent process for underground coal gasification with Fischer-Tropsch-based poly-generation[J]. Clean energy, 2019, 3(1): 34-46.

[23]梁杰，王喆，梁鲲，等. 煤炭地下气化技术进展与工程科技[J]. 煤炭学报，2020，45(1):393-402.

[24]CAINENG Z, YANPENG C, LINGFENG K, et al. Underground coal gasification and its strategic significance to the development of natural gas industry in China[J]. Petroleum exploration and development, 2019, 46(2): 205-215.

[25]邹才能，何东博，贾成业，等．世界能源转型内涵、路径及其对碳中和的意义[J]．石油学报，2021，42(2):233-247.

[26]BICER Y, DINCER I. Energy and exergy analyses of an integrated underground coal gasification with SOFC fuel cell system for multigeneration including hydrogen production[J]. International journal of hydrogen energy, 2015, 40(39): 13323-13337.

[27]YANG D, KOUKOUZAS N, GREEN M, et al. Recent development on underground coal gasification and subsequent CO_2 storage[J]. Journal of the energy institute, 2016(89): 469-484.

[28]YANG L. Clean coal technology: study on the pilot project experiment of underground coal gasification[J]. Energy, 2003, 28(14): 1445-1460.

[29]BLINDERMAN M S, ANDERSON B. Underground coal gasification for power generation: high efficiency and CO_2-emissions[C]//ASME Power Conference. 2004(41626): 473-479.

[30]ANDERSON S, NEWELL R. Prospects for carbon capture and storage technologies[J]. Annual review of environment and resources, 2004(29): 109-142.

[31]WANG G, XU Y, REN H. Intelligent and ecological coal mining as well as clean utilization technology in China: review and prospects[J]. International journal of mining science and technology, 2019, 29(2): 161-169.

[32]Intergovernmental Panel on Climate Change (IPCC). Climate change 2014: synthesis report summary for policymakers[R]. Contribution of Working Groups Ⅰ, Ⅱ and Ⅲ to the Fifth Assessment Report of the Intergovernmental Panel on Climate Change. Geneva: IPCC, 2014.

[33]International Energy Agency (IEA). CO_2 capture and storage: a key carbon abatement option[R]. Paris: OECD/IEA, 2008.

[34]孔令峰，赵忠勋，赵炳刚，等．利用深层煤炭地下气化技术建设煤穴储气库的可行性研究[J]．天然气工业，2016，36(3)：99-107.

[35] PANA. Review of underground coal gasification with reference to Alberta's potential[R]. 2009.

[36]刘淑琴，张尚军，牛茂斐，等．煤炭地下气化技术及其应用前景[J]. 地学前缘，2016，23(3):97－102.

[37]孙加亮，娄元娥，席建奋，等．鄂庄煤炭地下气化工业性试验研究[J]. 中国煤炭，2007(1):44－45.

[38]辛林，王作棠，黄温钢，等．华亭煤炭地下气化产气与发电试验研究[J]. 煤炭科学技术，2013，41(5):28－34.

[39]王作棠，王建华，张朋，等．华亭煤地下导控气化现场试验的产气效果分析[J]. 中国煤炭，2012，38(11):71－74.

[40]陈峰，潘霞，庞旭林．新奥无井式煤炭地下气化试验进展及产业化规划[J]. 煤炭科学技术，2013，41(5):19－22.

[41]MAHAMUD R, KHAN M M K, RASUL M G, et al. Exergy analysis and efficiency improvement of a coal fired thermal power plant in queensland [J]. Thermal power plants－advanced applications, 2013, 3(28).

[42]Swan Hills Synfuels. Swan hills in－situ coal gasification technology development[R]. Calgary, AB, Canada: 2012.

[43]BURTON E, FRIEDMANN J, UPADHYE R. Best practices in underground coal gasification[R]. Livermore, CA (United States): Lawrence Livermore National Lab. (LLNL), 2019.

[44]Underground Gasification Europe. Underground coal gasification first trial in the framework of a community collaboration: final summary report[R]. Alcorisa, Teruel, Spain: Underground Gasification Europe (UGE), 1999.

[45]BLINDERMAN M S, FIDLER S. Groundwater at the underground coal gasification site at Chinchilla, Australia[R]. Brisbane, Australia: Australasian Institute of Mining and Metallurgy, 2003.

[46]BOYSEN J E, CANFIELD M T, COVELL J R, et al. Detailed evaluation of process and environmental data from the rocky mountain I underground coal gasification field test[R]. Chicago, IL: Gas Research Institute, 1998.

[47]PERKINS G, DU TOIT E, COCHRANE G, et al. Overview of underground coal gasification operations at Chinchilla, Australia[J]. Energy sources,

Part A: recovery utilization, and environmental effects, 2016, 38(24): 3639 - 3646.

[48]韩军，方慧军，喻岳钰，等．煤炭地下气化产业与技术发展的主要问题及对策[J]．石油科技论坛，2020，39(3):50 - 59.

[49]BLINDERMAN M, GRUBER G P, MAEV S I. Commercial underground coal gasification: performance and economics[M]. Woodhead Publishing Series in Energy, 2011.

[50]WALKER L, BLINDERMAN M, BRUN K. An IGCC project at chinchilla, Australia based on underground coal gasification (UCG)[C]//Gasification Technologies Conference, San Francisco, USA. 2001.

[51]SAUR K, DONATO G, COBAS FLORES E, et al. Draft final report of the LCM definition study[R]. UNEP/SETAC - Life - Cycle - Initiative, 2003.

[52]GUINEE J B, HEIJUNGS R, HUPPES G, et al. Life cycle assessment: past, present, and future[J]. Environmental science & Technology, 2011, 45(1): 90 - 96.

[53]HEISKANEN E. The institutional logic of life cycle thinking[J]. Journal of cleaner production, 2002, 10(5): 427 - 437.

[54]BRENT A C. A life cycle impact assessment procedure with resource groups as areas of protection[J]. The international journal of life cycle assessment, 2004, 9(3): 172 - 179.

[55]MANGENA S J, BRENT A C. Application of a life cycle impact assessment framework to evaluate and compare environmental performances with economic values of supplied coal products[J]. Journal of cleaner production, 2006, 14(12 - 13): 1071 - 1084.

[56]WALKER L K. Underground coal gasification: Issues in commercialisation[J]. Proceedings of the institution of civil engineers - energy, 2014, 167(4): 188 - 195.

[57]OH H T, LEE W S, JU Y, et al. Performance evaluation and carbon assessment of IGCC power plant with coal quality[J]. Energy, 2019(188): 116063.

[58]SUI X, ZHANG Y, SHAO S, et al. Exergetic life cycle assessment of cement production process with waste heat power generation[J]. Energy conver-

sion and management, 2014(88): 684 - 692.

[59]EFTEKHARI A A, WOLF K H, ROGUT J, et al. Energy and exergy analysis of alternating injection of oxygen and steam in the low emission underground gasification of deep thin coal[J]. Applied energy, 2017(208): 62 - 71.

[60] VERMA A, OLATEJU B, KUMAR A, et al. Development of a process simulation model for energy analysis of hydrogen production from underground coal gasification (UCG)[J]. International journal of hydrogen energy, 2015, 40(34): 10705 - 10719.

[61]PRABU V, JAYANTI S. Integration of underground coal gasification with a solid oxide fuel cell system for clean coal utilization[J]. International journal of hydrogen energy, 2012, 37(2): 1677 - 1688.

[62]单佩金，梁杰，王皓正，等．不同氧气浓度气化剂下煤炭地下气化过程(火用)分析[J/OL]．煤炭学报,1 - 10[2021 - 11 - 17]. http://doi.org/10.13225/j.cnki.jccs.2020.0631.

[63]LIU H, LIU S. Exergy analysis in the assessment of hydrogen production from UCG[J]. International journal of hydrogen energy, 2020, 45(51): 26890 - 26904.

[64]HYDER Z, RIPEPI N S, KARMIS M E. A life cycle comparison of greenhouse emissions for power generation from coal mining and underground coal gasification[J]. Mitigation and adaptation strategies for global change, 2016, 21(4): 515 - 546.

[65]KORRE A, DURUCAN S, NIE Z. Life cycle environmental impact assessment of coupled underground coal gasification and CO_2 capture and storage: alternative end uses for the UCG product gases[J]. International journal of greenhouse gas control, 2019(91): 102836.

[66]DOUCET D, PERKINS G, ULBRICH A, et al. Production of power using underground coal gasification[J]. Energy sources, part A: recovery, utilization, and environmental effects, 2016, 38(24): 3653 - 3660.

[67]DEWULF J, VAN LANGENHOVE H, MULDER J, et al. Illustrations towards quantifying the sustainability of technology[J]. Green chemistry, 2000, 2(3): 108 - 114.

[68]DREYER L C, NIEMANN A L, HAUSCHILD M Z. Comparison of three different LCIA methods: EDIP97, CML2001 and Eco – indicator 99[J]. The international journal of life cycle assessment, 2003, 8(4): 191 –200.

[69]HELLWEG S, MILA I CANALS L. Emerging approaches, challenges and opportunities in life cycle assessment[J]. Science, 2014, 344(6188): 1109 –1113.

[70]LIU S, Li J, MEI M, et al. Groundwater pollution from underground coal gasification[J]. Journal of China university of mining & technology, 2007, 17(4): 467 –472.

[71]KAPUSTA K, STAńCZYK K. Pollution of water during underground coal gasification of hard coal and lignite[J]. Fuel, 2011, 90(5): 1927 –1934.

[72]KAPUSTA K, STANCZYK K, WIATOWSKI M, et al. Environmental aspects of a field – scale underground coal gasification trial in a shallow coal seam at the experimental mine barbara in poland[J]. Fuel, 2013(113): 196 –208.

[73]MEINTJIES C E. A comparative life cycle assessment review of conventional pulverized coal – fired electricity generation and underground coal gasification linked with an integrated gasification combined cycle[J]. Environmental science, 2011(10).

[74]PEI P, KOROM S F, LING K, et al. Cost comparison of syngas production from natural gas conversion and underground coal gasification[J]. Mitigation and adaptation strategies for global change, 2014, 21(4): 629 –643.

[75]KHADSE A N. Resources and economic analyses of underground coal gasification in India[J]. Fuel, 2015(142): 121 –128.

[76]BURCHART – KOROL D, KRAWCZYK P, CZAPLICKA – KOLARZ K, et al. Eco – efficiency of underground coal gasification (UCG) for electricity production[J]. Fuel, 2016(173): 239 –246.

[77]NAKATEN N, SCHLÜTER R, Azzam R, et al. Development of a techno – economic model for dynamic calculation of cost of electricity, energy demand and CO_2 emissions of an integrated UCG – CCS process[J]. Energy, 2014(66): 779 –790.

[78]NAKATEN N, AZZAM R, KEMPKA T. Sensitivity analysis on UCG – CCS economics[J]. International journal of greenhouse gas control, 2014(26):

51 –60.

[79] PEI P, BARSE K, NASAH J. Competitiveness and cost sensitivity study of underground coal gasification combined cycle using lignite[J]. Energy & Fuels, 2016, 30(3): 2111 –2118.

[80] LI J, MEI M, HAN Y, et al. Life cycle cost assessment of recycled paper manufacture in China[J]. Journal of cleaner production, 2019(252): 119868.

[81] HONG J, YU Z, FU X, et al. Life cycle environmental and economic assessment of coal seam gas – based electricity generation[J]. The international journal of life cycle assessment, 2019, 24(10): 1828 –1839.

[82] LI H, YANG S, ZHANG J, et al. Analysis of rationality of coal – based synthetic natural gas (SNG) production in China[J]. Energy policy, 2014 (71): 180 –188.

[83] WANG C, ZHANG L, ZHOU P, et al. Assessing the environmental externalities for biomass – and coal –fired electricity generation in China: a supply chain perspective[J]. Journal of environmental management, 2019(246): 758 –767.

[84] ZHANG W, ZHANG X, TIAN X, et al. Economic policy uncertainty nexus with corporate risk –taking: the role of state ownership and corruption expenditure[J]. Pacific –basin finance journal, 2021(65).

[85] YEO K T, QIU F. The value of management flexibility—a real option approach to investment evaluation[J]. International journal of project management, 2003, 21(4): 243 –250.

[86] MYERS S. Determinants of corporate borrowing[J]. Journal of financial economics, 1977, 5(2): 147 –175.

[87] 周丽敏. 基于实物期权定价模型的煤炭地下气化发电项目的投资评价研究[D]. 北京: 中国矿业大学, 2015.

[88] AGATON C B. Application of real options in carbon capture and storage literature: valuation techniques and research hotspots[J]. Science of total environment, 2021(795): 148683.

[89] WU N, PARSONS J E, POLENSKE K R. The impact of future carbon prices on CCS investment for power generation in China[J]. Energy policy, 2013 (54): 160 –172.

[90]ZHOU W, ZHU B, FUSS S, et al. Uncertainty modeling of CCS investment strategy in China's power sector[J]. Applied energy, 2010, 87(7): 2392 - 2400.

[91]YANG M, BLYTH W, BRADLEY R, et al. Evaluating the power investment options with uncertainty in climate policy[J]. Energy economics, 2008, 30(4): 1933 - 1950.

[92]WANG X, DU L. Study on carbon capture and storage (CCS) investment decision - making based on real options for China's coal - fired power plants [J]. Journal of cleaner production, 2016(112): 4123 - 4131.

[93]ABADIE L M, CHAMORRO J M. European CO_2 prices and carbon capture investments[J]. Energy economics, 2008, 30(6): 2992 - 3015.

[94]FUSS S, SZOLGAYOVÁ J. Fuel price and technological uncertainty in a real options model for electricity planning[J]. Applied energy, 2010, 87(9): 2938 - 2944.

[95]ZHANG X, WANG X, CHEN J, et al. A novel modeling based real option approach for CCS investment evaluation under multiple uncertainties[J]. Applied energy, 2014(113): 1059 - 1067.

[96]ZOU X, TIAN L. Application on the improved real options model in investment decisions of CCS project for IGCC power plants[J]. Metallurgical & mining industry, 2015(2).

[97]MCDONALD A, SCHRATTENHOLZER L. Learning rates for energy technologies[J]. Energy policy, 2001(29).

[98]CHEN H, WANG C, Ye M. An uncertainty analysis of subsidy for carbon capture and storage (CCS) retrofitting investment in China's coal power plants using a real - options approach[J]. Journal of cleaner production, 2016 (137): 200 - 212.

[99]文书洋，林则夫．柔性投资策略下补贴政策对碳捕集利用与封存项目投资决策的影响研究[J]．中国管理科学，2014(22).

[100]朱磊，范英．中国燃煤电厂 CCS 改造投资建模和补贴政策评价[J]．中国人口·资源与环境，2014，24(7).

[101]XIANG D, YANG S, LI X, et al. Life cycle assessment of energy

consumption and GHG emissions of olefins production from alternative resources in China[J]. Energy conversion and management, 2015(90): 12 – 20.

[102]BP. Statistical Review of World Energy[R]. 2019.

[103]葛世荣. 深部煤炭化学开采技术[J]. 中国矿业大学学报, 2017, 46(4):679 – 691.

[104]CORNELISSEN R L. Thermodynamics and sustainable development: the use of exergy analysis and the reduction of irreversibility[D]. Enschede: University of Twente, 1997: 95 – 124.

[105]ISO. BS EN ISO 14040:2006. Environmental management – life cycle assessment – principles and framewok[S]. Geneva, Switzerland: International Organization for Standardization, 2006.

[106]ISO. BS EN ISO 14040:2006. Environmental management – life cycle assessment – requirements and guidelines[S]. Geneva, Switzerland: International Organization for Standardization, 2006.

[107]TILLMAN A – M, EKVALL T, BAUMANN H, et al. Choice of system boundaries in life cycle assessment[J]. Journal of cleaner production, 1994, 2(1).

[108]LU X, CAO L, WANG H, et al. Gasification of coal and biomass as a net carbon – negative power source for environment – friendly electricity generation in China[J]. Proceedings of the national academy of sciences of the united states of america, 2019, 116(17): 8206 – 8213.

[109]GREEN M. Recent developments and current position of underground coal gasification[J]. Proceedings of the institution of mechanical engineers, part A: journal of power and energy, 2018, 232(1): 39 – 46.

[110]国家统计局. 中国统计年鉴 2018[M]. 北京: 中国统计出版社, 2018.

[111]YANG B, WEI Y – M, HOU Y, et al. Life cycle environmental impact assessment of fuel mix – based biomass co – firing plants with CO_2 capture and storage[J]. Applied energy, 2019(252): 113483.

[112]DING Y, HAN W, CHAI Q, et al. Coal – based synthetic natural gas (SNG): a solution to China's energy security and CO_2 reduction? [J]. En-

ergy policy, 2013(55): 445 -453.

[113]LIU H, LIU S. Life cycle energy consumption and GHG emissions of hydrogen production from underground coal gasification in comparison with surface coal gasification[J]. International journal of hydrogen energy, 2021, 46(14): 9630 -9643.

[114]RODDY D J, YOUNGER P L. Underground coal gasification with CCS: A pathway to decarbonising industry[J]. Energy & environmental science, 2010, 3(4).

[115]VERMA A, KUMAR A. Life cycle assessment of hydrogen production from underground coal gasification[J]. Applied energy, 2015(147): 556 -568.

[116]BRANDT A R. Oil depletion and the energy efficiency of oil production: the case of california[J]. Sustainability, 2011, 3(10): 1833 -1854.

[117]PETRESCU L, CORMOS C - C. Environmental assessment of IGCC power plants with pre - combustion CO_2 capture by chemical & calcium looping methods[J]. Journal of cleaner production, 2017(158): 233 -244.

[118]KOORNNEEF J, VAN KEULEN T, FAAIJ A, et al. Life cycle assessment of a pulverized coal power plant with post - combustion capture, transport and storage of CO_2[J]. International journal of greenhouse gas control, 2008, 2(4): 448 -467.

[119]DEWULF J, LANGENHOVE H V, DIRCKX J. Exergy analysis in the assessment of the sustainability of waste gas treatment systems[J]. The science of the total environment, 2001(273): 41 -52.

[120]WANG Q, MA Y, Li S, et al. Exergetic life cycle assessment of fushun - type shale oil production process[J]. Energy conversion and management, 2018(164): 508 -517.

[121]LI F, CHU M, TANG J, et al. Exergy analysis of hydrogen - reduction based steel production with coal gasification - shaft furnace - electric furnace process[J]. International journal of hydrogen energy, 2021, 46(24): 12771 -12783.

[122]CASEY J A, SU J G, HENNEMAN L R F, et al. Coal - fired power plant closures and retrofits reduce asthma morbidity in the local population[J]. Nature energy, 2020, 5(5): 365 -366.

[123] PENG W, WAGNER F, RAMANA M V, et al. Managing China's coal power plants to address multiple environmental objectives[J]. Nature sustainability, 2018, 1(11): 693 - 701.

[124] MELIKOGLU M. Clean coal technologies: a global to local review for Turkey[J]. Energy strategy reviews, 2018(22): 313 - 319.

[125] LIANG X, WANG Z, ZHOU Z, et al. Up - to - date life cycle assessment and comparison study of clean coal power generation technologies in China[J]. Journal of cleaner production, 2013(39): 24 - 31.

[126] CHRISTOU C, HADJIPASCHALIS I, POULLIKKAS A. Assessment of integrated gasification combined cycle technology competitiveness[J]. Renewable and sustainable energy reviews, 2008, 12(9): 2459 - 2471.

[127] TIWARY R. Environmental impact of coal mining on water regime and its management[J]. Water, air, and soil pollution, 2001, 132(1 - 2): 185 - 199.

[128] BURCHART - KOROL D, FUGIEL A, CZAPLICKA - KOLARZ K, et al. Model of environmental life cycle assessment for coal mining operations [J]. Science of the total environment, 2016(562): 61 - 72.

[129] GHOSE M K, PAUL B. Underground coal gasification: a neglected option[J]. International journal of environmental studies, 2007, 64(6): 777 - 783.

[130] SHACKLEY S, MANDER S, REICHE A. Public perceptions of underground coal gasification in the United Kingdom[J]. Energy policy, 2006, 34 (18): 3423 - 3433.

[131] BHUTTO A W, BAZMI A A, ZAHEDI G. Underground coal gasification: From fundamentals to applications[J]. Progress in energy and combustion science, 2013, 39(1): 189 - 214.

[132] SELF S J, REDDY B V, ROSEN M A. Review of underground coal gasification technologies and carbon capture[J]. International journal of energy and environment engineering, 2012, 3(1): 16 - 24.

[133] SHAFIROVICH E, VARMA A. Underground coal gasification: a brief review of current status[J]. Industrial and engineering chemistry research,

2009, 48(17): 7865 -7875.

[134]MCLNNIS J, SINGH S, HUQ I. Mitigation and adaptation strategies for global change via the implementation of underground coal gasification[J]. Mitigation and adaptation strategies for global change, 2015, 21(4): 479 -486.

[135]OH T H. Carbon capture and storage potential in coal - fired plant in Malaysia—a review[J]. Renewable and sustainable energy reviews, 2010, 14(9): 2697 -2709.

[136]WANG P - T, WEI Y - M, YANG B, et al. Carbon capture and storage in China's power sector: optimal planning under the 2℃ constraint[J]. Applied energy, 2020(263).

[137] HUNKELER D, REBITZER G. The future of life cycle assessment[J]. The international journal of life cycle assessment, 2005, 10(5): 305 -308.

[138]FINNVEDEN G, HAUSCHILD M Z, EKVALL T, et al. Recent developments in Life Cycle Assessment[J]. Journal of environmental management, 2009, 91(1): 1 -21.

[139]VON DER ASSEN N, VOLL P, PETERS M, et al. Life cycle assessment of CO_2 capture and utilization: a tutorial review[J]. Chemical society reviews, 2014, 43(23): 7982.

[140]WANG J - W, KANG J - N, LIU L - C, et al. Research trends in carbon capture and storage: a comparison of China with Canada[J]. International journal of greenhouse gas control, 2020(97): 103018.

[141] PERKINS G. Underground coal gasification part Ⅱ. Fundamental phenomena and modeling[J]. Progress in energy and combustion science, 2018(67): 234 -274.

[142]PAL D B, CHAND R, UPADHYAY S N, et al. Performance of water gas shift reaction catalysts: a review[J]. Renewable and sustainable energy reviews, 2018(93): 549 -565.

[143] MUMFORD K A, WU Y, SMITH K H, et al. Review of solvent based carbon - dioxide capture technologies[J]. Frontiers of chemical science and engineering, 2015, 9(2): 125 - 141.

[144]FRIEDMANN S J, UPADHYE R, KONG F - M. Prospects for un-

derground coal gasification in carbon - constrained[J]. Energy procedia, 2009 (1): 4551 -4557.

[145]RUBIN E S, RAO A B, CHEN C. Comparative assessments of fossil fuel power plants with CO_2 capture and storage[J]. Greenhouse gas control technologies, 2005(1): 285 -293.

[146]TIAN - HONG Duan, CAI - PING LU , SHENG XIONG, et al. Pyrolysis and gasification modeling of underground coal gasification and the optimisation of CO_2 as a gasification agent[J]. Fuel, 2016(183): 557 -567.

[147]DUAN T - H, WANG Z - T, LIU Z - J, et al. Experimental study of coal pyrolysis under the simulated high - temperature and high - stress conditions of underground coal gasification[J]. Energy & Fuels, 2017, 31(2): 1147 -1158.

[148]PETRESCU L, BONALUMI D, VALENTI G, et al. Life cycle assessment for supercritical pulverized coal power plants with post - combustion carbon capture and storage[J]. Journal of cleaner production, 2017(157): 10 -21.

[149]NBS. China statistical yearbook 2017[M]. Beijing: China Statistics Press, 2017.

[150]SCHAKEL W, MEERMAN H, TALAEI A, et al. Comparative life cycle assessment of biomass co - firing plants with carbon capture and storage [J]. Applied energy, 2014(131): 441 -467.

[151]IEAGHG. Environmental impact of solvent scrubbing of CO_2[M]. TNO Science and Industry, 2006.

[152]ODEH N A, COCKERILL T T. Life cycle GHG assessment of fossil fuel power plants with carbon capture and storage[J]. Energy policy, 2008, 36 (1): 367 -380.

[153]PETRESCU L, CORMOS C - C. Waste reduction algorithm applied for environmental impact assessment of coal gasification with carbon capture and storage[J]. Journal of cleaner production, 2015(104): 220 -235.

[154]OLATEJU B, KUMAR A. Techno - economic assessment of hydrogen production from underground coal gasification (UCG) in Western Canada with carbon capture and sequestration (CCS) for upgrading bitumen from oil sands [J]. Applied energy, 2013(111): 428 -440.

[155]GUINEÉE J B, LINDEIJER E. Handbook on life cycle assessment – operational guide to the ISO standards[J]. The international journal of life cycle assessment, 2001, 6(5): 255.

[156]HOFSTETTER P. Perspectives in life cycle impact assessment: a structured approach to combine models of the technosphere, ecosphere, and valuesphere[M]. Springer science & business Media, 1998.

[157]HUISMAN J. The QWERTY/EE concept, quantifying recyclability and eco – efficiency for end – of – life treatment of consumer electronic products [D]. Delft: Delft University of Technology, 2003.

[158]PEHNT M, HENKEL J. Life cycle assessment of carbon dioxide capture and storage from lignite power plants[J]. International journal of greenhouse gas control, 2009, 3(1): 49 –66.

[159]SHAFIROVICH E. The potential for undergound coal gasification in Indiana[R]. 2008.

[160]DURDÁN M, LACIAK M, KAUR J, et al. Evaluation of synthetic gas harmful effects created at the underground coal gasification process realized in laboratory conditions[J]. Measurement, 2019(147): 106866.

[161]孔令峰，张军贤，李华启，等．我国中深层煤炭地下气化商业化路径[J]．天然气工业，2020，40(4):156 –165.

[162]HOCHSCHORNER E, NORING M. Practitioners' use of life cycle costing with environmental costs – a Swedish study [J]. The international journal of life cycle assessment, 2011, 16(9): 897 –902.

[163]KIM S, LIM Y I, LEE D, et al. Effects of flue gas recirculation on energy, exergy, environment, and economics in oxy – coal circulating fluidized – bed power plants with CO_2 capture[J]. International journal of energy research, 2020, 45(4): 5852 –5865.

[164]HONG J, ZHOU J, HONG J, et al. Environmental and economic life cycle assessment of aluminum – silicon alloys production: A case study in China [J]. Journal of cleaner production, 2012(24):11 –19.

[165]GLUCH P, BAUMANN H. The life cycle costing (LCC) approach: a conceptual discussion of its usefulness for environmental decision – making[J].

Building and environment, 2004, 39(5): 571 -580.

[166]梁杰，崔勇，王张卿，等. 煤炭地下气化炉型及工艺[J]. 煤炭科学技术，2013，41(5):10 -15.

[167]刘淑琴，梅霞，郭巍，等. 煤炭地下气化理论与技术研究进展[J]. 煤炭科学技术，2020，48(1):90 -99.

[168]FENG Y, YANG B, HOU Y, et al. Comparative environmental benefits of power generation from underground and surface coal gasification with carbon capture and storage[J]. Journal of cleaner production, 2021(310).

[169]ATIA N G, BASSILY M A, ELAMER A A. Do life - cycle costing and assessment integration support decision - making towards sustainable development? [J]. Journal of cleaner production, 2020(267): 122056.

[170]SILALERTRUKSA T, BONNET S, GHEEWALA S H. Life cycle costing and externalities of palm oil biodiesel in Thailand[J]. Journal of cleaner production, 2012(28): 225 -232.

[171]GEORGAKELLOS D A. Climate change external cost appraisal of electricity generation systems from a life cycle perspective: the case of Greece [J]. Journal of cleaner production, 2012(32): 124 -140.

[172]STEEN B, CURRAN M A. Environmental costs and benefits in life cycle costing[J]. Management of environmental quality: an international journal, 2005, 16(2): 107 -118.

[173]杨志平，李柯润，王宁玲，等. 大数据背景下燃煤发电机组调峰经济性分析[J]. 中国电机工程学报，2018，39(16):4808 -4818.

[174]ZHAO C, ZHANG W, WANG Y, et al. The economics of coal power generation in China[J]. Energy policy, 2017(105): 1 -9.

[175]BRANKER K, PATHAK M J M, PEARCE J M. A review of solar photovoltaic levelized cost of electricity[J]. Renewable and sustainable energy reviews, 2011, 15(9): 4470 -4482.

[176]XIA C, YE B, JIANG J, et al. Prospect of near - zero - emission IGCC power plants to decarbonize coal - fired power generation in China: Implications from the greengen project[J]. Journal of cleaner production, 2020 (271): 122615.

[177]YANG B, WEI Y-M, LIU L-C, et al. Life cycle cost assessment of biomass co-firing power plants with CO_2 capture and storage considering multiple incentives[J]. Energy economics, 2021(96).

[178]张梦迪. 我国铁路货运定价优化方法与管理策略研究[D]. 北京:中国铁道科学研究院, 2021.

[179]COMMISSION E. Economics and Cross-Media Effects[R]. European IPPC Bureau, 2006.

[180]万方敏, 解东来. 天然气运输方式的适用范围与经济性比较[J]. 油气储运, 2015, 34(7):709-713.

[181]WOON K S, LO I M C. An integrated life cycle costing and human health impact analysis of municipal solid waste management options in Hong Kong using modified eco-efficiency indicator[J]. Resources, conservation and recycling, 2016(107): 104-114.

[182]PA A, BI X T, SOKHANSANJ S. Evaluation of wood pellet application for residential heating in British Columbia based on a streamlined life cycle analysis[J]. Biomass and bioenergy, 2013(49): 109-122.

[183]OWEN A D. Renewable energy: Externality costs as market barriers[J]. Energy policy, 2006, 34(5): 632-642.

[184]Intergovernmental Panel on Climate Change (IPCC). Climate change 2022 Mitigation of Climate Change [R]. Contribution of Working Groups Ⅲ to the Sixth Assessment Report of the Intergovernmental Panel on Climate Change. Geneva: IPCC, 2022.

[185]CAO C, JIANG W, WANG B, et al. Inhalable microorganisms in Beijing's PM2.5 and PM10 pollutants during a severe smog event[J]. Environmental science & technology, 2014, 48(3): 1499-1507.

[186]YIN H, PIZZOL M, XU L. External costs of PM2.5 pollution in Beijing, China: uncertainty analysis of multiple health impacts and costs[J]. Environmental pollution, 2017(226): 356-369.

[187]XU M, QIN Z, ZHANG S, et al. Health and economic benefits of clean air policies in China: a case study for Beijing-Tianjin-Hebei region[J]. Environmental pollution, 2021(285): 117525.

[188]HAMBY D M. A review of techniques for parameter sensitivity analysis of environmental models[J]. Environmental monitoring and assessment, 1994, 32(2): 135 - 154.

[189]ABADIE L M, CHAMORRO J M. Valuing flexibility: the case of an integrated gasification combined cycle power plant[J]. Energy economics, 2008, 30(4): 1850 - 1881.

[190]HE G, LIN J, ZHANG Y, et al. Enabling a rapid and just transition away from coal in China[J]. One earth, 2020, 3(2): 187 - 194.

[191]MAO F. Underground coal gasification (UCG): a new trend of supply - side economics of fossil fuels[J]. Natural gas industry B, 2016, 3(4): 312 - 322.

[192]NAKATEN N, KÖTTING P, AZZAM R, et al. Underground coal gasification and CO_2 storage support bulgaria's low carbon energy supply[J]. Energy procedia, 2013(40): 212 - 221.

[193]FAN J - L, WEI S, ZHANG X, et al. A comparison of the regional investment benefits of CCS retrofitting of coal - fired power plants and renewable power generation projects in China[J]. International journal of greenhouse gas control, 2020(92): 102858.

[194]MA J, ZHU T. Convergence rates of trinomial tree methods for option pricing under regime - switching models[J]. Applied mathematics letters, 2015(39): 13 - 18.

[195]RUBIN E S, YEH S, ANTES M, et al. Use of experience curves to estimate the future cost of power plants with CO_2 capture[J]. International journal of greenhouse gas control, 2007, 1(2): 188 - 197.

[196]KATO M, ZHOU Y. A basic study of optimal investment of power sources considering environmental measures: Economic evaluation of CCS through a real options approach[J]. Electrical engineering in japan, 2011, 174(3): 9 - 17.

[197]周文戟, 赵方鲜, 朱兵, 等. 考虑技术学习效应的碳捕集系统成本比较[J]. 中国科技论文, 2012, 7(6):423 - 427.

[198]FAN J - L, SHEN S, XU M, et al. Cost - benefit comparison of carbon capture, utilization, and storage retrofitted to different thermal power plants

in China based on real options approach[J]. Advances in climate change research, 2020, 11(4): 415 -428.

[199]NúñEZ - LÓPEZ V, MOSKAL E. Potential of CO_2 - EOR for near - term decarbonization[J]. Frontiers in climate, 2019(1): 5.

[200]STORCHMANN K. The rise and fall of German hard coal subsidies [J]. Energy policy, 2005, 33(11): 1469 - 1492.

[201]GLENSK B, MADLENER R. Evaluating the enhanced flexibility of lignite - fired power plants: a real options analysis[J]. Energy conversion and management, 2018(177): 737 -749.

[202]LIU Q, SUN Y, LIU L, et al. An uncertainty analysis for offshore wind power investment decisions in the context of the national subsidy retraction in China: a real options approach[J]. Journal of cleaner production, 2021 (329).

[203]LIU S, DU J, ZHANG W, et al. Opening the box of subsidies: which is more effective for innovation? [J]. Eurasian business review, 2021, 11 (3): 421 -449.

[204]BAI Y, SONG S, JIAO J, et al. The impacts of government R&D subsidies on green innovation: evidence from Chinese energy - intensive firms [J]. Journal of cleaner production, 2019(233): 819 -829.